上海市

饮用水水源地常见藻类图集

Atlas of Algae in
Drinking Water Sources of Shanghai

王先云 朱宜平 张东 姜蕾 姜巍巍 宋一超／编著

中国环境出版集团·北京

图书在版编目（CIP）数据

上海市饮用水水源地常见藻类图集 / 王先云等编著 . —北京：
中国环境出版集团，2021.10
ISBN 978-7-5111-4779-0

Ⅰ.①上…　Ⅱ.①王…　Ⅲ.①饮用水—水源地—藻类—
上海—图集　Ⅳ.① X52-64

中国版本图书馆 CIP 数据核字（2021）第 130856 号

出 版 人　武德凯
责任编辑　宋慧敏
责任校对　任　丽
封面设计　宋　瑞
封面摄影　周　菁

出版发行　中国环境出版集团
　　　　　（100062　北京市东城区广渠门内大街 16 号）
　　　　　网　　　址：http://www.cesp.com.cn
　　　　　电子邮箱：bjgl@cesp.com.cn
　　　　　联系电话：010-67112765（编辑管理部）
　　　　　发行热线：010-67125803，010-67113405（传真）
印　　刷　北京建宏印刷有限公司
经　　销　各地新华书店
版　　次　2021 年 10 月第 1 版
印　　次　2021 年 10 月第 1 次印刷
开　　本　787×1092　1/16
印　　张　12.75
字　　数　240 千字
定　　价　179.00 元

《上海市饮用水水源地常见藻类图集》
编著委员会

主　编：王先云　　朱宜平　　张　东

　　　　姜　蕾　　姜巍巍　　宋一超

参　编（排名不分先后）：

　　　　翁馨妍　　李　宁　　黄佳菁

　　　　朱　骅　　郑　健　　胡　涛

　　　　金　磊　　孙　杰　　张　午

　　　　吴雪飞　　陈　蕾　　朱　颖

　　　　黄　佳　　王喆人　　马诗茜

　　　　张咏乐　　夏　樱

顾　问：于建伟　　苏　命

宣　传：阮辰旼　　蔡立弘

序

FOREWORD

在坐落于长江入海口的上海，获取好的饮用水水源一直是制水人孜孜追求的梦想。从陈行水库到青草沙水库和金泽水库，上海制水人在不停地探索获取好水源的路径。

水库可以保障供水量的稳定性，但建了水库后，就会长藻。微囊藻可能会产生藻毒素；一些丝状蓝藻可能会产生 2- 甲基异莰醇，从而导致土霉味的发生；在低温期生长的隐藻等会产生不饱和醛类，从而导致鱼腥味的发生；硅藻还会堵塞水厂滤池……因此，习惯于与水厂水处理工艺和输配管线打交道的上海制水人，在水库建成后面临着新的挑战，不得不去学习如何与水库中的藻类打交道。

但淡水藻有上千种，认识水中这些形形色色的藻是一个比较大的挑战。上海水库管理单位和供水部门高度重视藻对水质的影响，他们从一开始就把水库中藻类的监测作为水库水源水质研究的一项重要内容。中国科学院生态环境研究中心团队有幸参与了青草沙水库和金泽水库两个水库优化运行研究的全过程。大家一起努力学习，尝试读懂藻的故事：水库中有哪些藻，这些藻有什么样的危害，为什么会出现这些藻，我们又应如何应对等等。

上海制水人是有心人。在长期的藻类研究中注意积累图像信息，在此基础上编纂了这本《上海市饮用水水源地常见藻类图集》，涵盖了 8 门 136 属，基本上囊括了上海三大饮用水水源地中常见的藻类，例如一直是我们团队重点研究对象的浮丝藻属和假鱼腥藻属，这两个藻属曾先后导致青草沙水库发生土霉味问题。

这本书雅俗共赏。它有很好的实用价值，有利于上海水库管理单位进行水库的水质管理；对藻类分类学研究者来说，可以提供藻类分布的珍贵信息。此外，对一般读者来说，欣赏显微镜下藻类的千姿百态也是一件非常有趣的事：长孢藻形似女士喜爱的珍珠项链，脆杆藻却像古时梳头用的篦子，锥囊藻长似麦穗……看到这些美丽的藻类照片，我们似乎也很难憎恨这些时常给我们供水带来问题的小小藻类了。

无论您出于何种目的翻阅这本书，都希望您喜欢它！

2021 年 10 月 15 日

前 言

PREFACE

　　水是生命之源、生产之要、生态之基。在山水林田湖草这个不可分割的生命共同体中，水是最灵动、最活跃的元素，是生态系统得以维系的基础。党的十八大以来，习近平总书记把治水兴水作为实现"两个一百年"奋斗目标和中华民族伟大复兴中国梦的长远大计来抓，水利和水生态环境保护改革发展取得了新的历史性成就。

　　为了满足城市发展对生活饮用水原水水量供给和水质改善的需求，上海市于 1990 年建成黄浦江松浦大桥取水系统，1992 年建成长江水源陈行水库，2011 年建成青草沙水库，2016 年建成黄浦江上游太浦河水源金泽水库（黄浦江松浦大桥取水系统成为备用取水口）。陈行水库、青草沙水库和金泽水库是上海市主要饮用水水源地，承担上海市陆域原水供给。陈行水库位于长江口南支南港河段，有效库容为 950 万 m^3，日供水规模为 206 万 m^3，中途增压泵站 1 座，原水主要供给嘉定区、宝山区；青草沙水库位于长江口南北港分流口下方、长兴岛北侧，有效库容为 4.38 亿 m^3，日供水规模为 719 万 m^3，中途增压泵站 7 座，原水供水范围包括上海市区、浦东新区、宝山区等区域。金泽水库位于黄浦江上游太浦河北岸，有效库容为 817 万 m^3，日供水规模为 351 万 m^3，中途增压泵站 3 座，原水供给上海市西南五区（青浦区、松江区、金山区、奉贤区和闵行区）。

　　藻类是水体中的初级生产者，水源地中藻类的种群组成及演变与原水水质关系密切，并对饮用水水质造成影响。水源地藻类增殖影响水体溶解氧、透明度及生态系统平衡，并可能产生藻类毒素、致嗅物质等代谢产物，影响饮用水口感，带来水质健康风险。原水藻类增殖亦会给水厂工艺运行带来冲击，一方面，藻细胞会堵塞水厂滤池，造成反冲洗频率升高；另一方面，藻类代谢物可作为消毒副产物前体物，增加消毒副产物生成风险。因此，水源地藻类的监测与调控非常重要，是饮用水安全保障的重要环节。在国家水体污染控制与治理科技重大专项"太湖流域上海饮用水安全保障技术集成与示范"（2012ZX07403-002）、"太浦河金泽水源地水质安全保障综合示范"（2017ZX07207），企业"金泽水库藻类及嗅味防控关键技术研究与应用"等课题的支持下，上海供水团队自 2009 年以来，对上海水源地藻类开展了十余年的持续跟踪监测与调控研究，摸清了上海水源地藻类的群落结构及演变特征，对水源水库多级水质监测系统与业务化平台、藻类多级屏障控制体系、水源水库水力调控、原水预处理等技术研究与工程建设工作提供了强有力的支撑。研究过程中，团队拍摄典型藻类形态学图片上万张，逐步积累形成上海市饮用水水源地藻类图库。2020 年，团队对陈行水库、青草沙水库和金泽水库的藻类图片进行分类、整理和筛选，编制形成《上海市饮用水水源地常见藻类图集》。图集共收录上海市饮用水水源地中藻类 8 门 12 纲 26 目 49 科 136 属，其中包含光学显微镜镜检图片 634 张，扫描电子显微镜镜检图片 102 张（仅硅藻门），并对检出藻类的形态学特征进行了描述。

图集汇编既是对上海供水团队十余年藻类监测研究工作的成果凝练，也意在为水务同行了解上海市长江口水源、太湖流域黄浦江水源的藻类特征提供参考，为开展相关藻类预警与监测工作提供借鉴。同时，团队也希望通过与国内专业的水务科普平台"水悟堂"的合作，向公众科普藻类学和水源地生态保护的相关知识，激发公众亲水、识水、爱水、节水、护水的热情。

本书由上海城市水资源开发利用国家工程中心有限公司和上海城投原水有限公司的工作人员共同整理编著完成。承蒙中国科学院生态环境研究中心杨敏研究员对本书框架和编写内容进行了特别指导，并为本书作序；上海海洋大学张玮博士审阅了全部文稿和图片，并提出了宝贵的修改意见；江苏省无锡环境监测中心张军毅博士、中国科学院水生生物研究所于潘博士、西南大学杨宋琪博士在样品采集、鉴定和编著工作中均提供了诸多帮助和建议，在此一并感谢。

受编著者水平和时间的限制，书中定有不足和错误之处，敬请广大同行和读者批评指正，以便修订。

《上海市饮用水水源地常见藻类图集》编著委员会

2021 年 10 月 13 日

目 录
C O N T E N T S

1 蓝藻门
Cyanophyta

2 绿藻门
Chlorophyta

3 硅藻门
Bacillariophyta

4 隐藻门 Cryptophyta

5 金藻门 Chrysophyta

6 黄藻门
Xanthophyta

7 甲藻门
Dinophyta

8 裸藻门
Euglenophyta

1

蓝藻门 Cyanophyta

水源地风景摄影：陈志强

蓝藻是一类诞生于30亿年前的、非常古老的光合放氧原核生物（procaryotic organism），又称蓝细菌（cyanobacteria）和放氧细菌（oxyphotobacbter）。蓝藻种类包括单细胞的、非丝状群体的、丝状群体的，细胞内无色素体和真正的细胞核等细胞器，原生质体常分为外部色素区和内部无色中央区。色素区除含有叶绿素a、2种叶黄素外，还含有藻蓝素（C-Phycocyanin，C-PC）和别藻蓝素（allophycocyanin，APC），部分类群还含有藻红素（C-phycoerythrin，C-PE）和藻红蓝素（phycoerythrocyanin，PEC）；无色中央区主要含有环形丝状DNA。同化产物主要为蓝藻淀粉。

蓝藻细胞壁由氨基糖和氨基酸组成，单细胞及非丝状类群常具个体或群体胶被，丝状种类的细胞壁外常具胶鞘或胶被。少数营养细胞分化形成异形胞（heterocysts）。异形胞与相邻细胞连接处的细胞壁有"极节"。异形胞的位置和形态是蓝藻分类的重要特征。某些类群细胞内含气囊（gas vesicle），在显微镜下呈黑色、红色或紫色，具有遮光和漂浮的功能。

蓝藻的繁殖方式通常为细胞分裂。丝状类群除细胞分裂外，藻丝还能形成"藻殖段"（hormogonia）。

蓝藻是地面上分布最广、适应性最强的自养生物。蓝藻是新开拓和未开拓地上的最早生物，可生长在各种大小的淡水水体、海洋水体、盐泽地、高山冰川、终年冰冻的南北两极、悬崖峭壁、阴湿土壤和树皮上，甚至在水温高达85℃的温泉、荒芜贫瘠的沙漠等其他植物难以生存的地方，只要有阳光照射，蓝藻都能生长。水生蓝藻常在含氮量较高、有机质丰富的碱性水体中生长。

夏季、秋季的湖泊中，一些蓝藻（如微囊藻、长孢藻、束丝藻等）大量繁殖并形成水华（water bloom），破坏水体景观，破坏水生态系统结构，从而造成生态灾害。一些产毒产嗅蓝藻种类的生长往往引发难闻的恶臭或者毒害鱼虾螺贝，影响水质感官。

本书收录上海市饮用水水源地常见蓝藻门种类2纲3目6科19属。

色球藻纲	色球藻目	色球藻科
Chroococcophyceae	Chroococcales	Chroococcaceae

微囊藻属
Microcystis

植物团块由许多小群体联合组成，微观或目力可见。自由漂浮于水中或附生于水中其他基物上。群体球形、椭圆形或不规则形，有时在群体上有穿孔，形成网状或窗格状团块。群体胶被无色、透明，少数种类具有颜色。细胞球形或椭圆形。群体中细胞数目极多，排列紧密而无规律，很少有两两成对的情况，有时因互相挤压而出现棱角。个体细胞无胶被。原生质体浅蓝绿色、亮蓝绿色、橄榄绿色。营漂浮生活种类的细胞中常含有假空胞；非漂浮种类的细胞内原生质体大都均匀，无假空胞。细胞以分裂进行繁殖，有 3 个分裂面，很多种类为水华蓝藻。

1. 铜绿微囊藻（图 1-1）
M. aeruginosa

植物团块大型，肉眼可见，橄榄绿色或污绿色，幼时球形、椭圆形、中实，成熟后为中空囊状体、窗格状囊状体或不规则的裂片状网状体。群体胶被质地均匀，无层理，无色透明，明显，边缘部高度水化。细胞球形、近球形，直径 3～7 μm。原生质体灰绿色、蓝绿色、亮绿色、灰褐色，多数含假空胞。

浮游，生长于各种水体中，可形成水华。

检出：青草沙水源地、陈行水源地、金泽水源地。

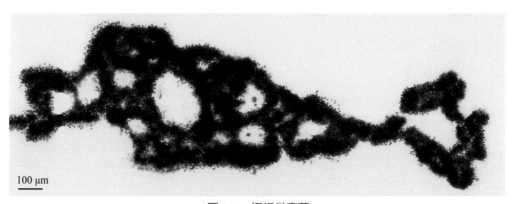

100 μm

图 1-1　铜绿微囊藻

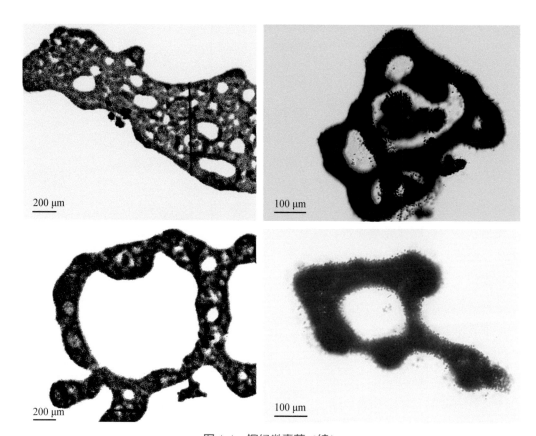

200 μm

100 μm

200 μm

100 μm

图 1-1　铜绿微囊藻（续）

2. 水华微囊藻（图 1-2）
M. flos-aquae

　　植物团块黑绿色或碧绿色，由许多群体集合而成，肉眼可见。群体球形、椭圆形或不规则形，成熟的群体不穿孔、不开裂。群体胶被均匀，但不十分明显。细胞球形，直径 3～7 μm，密集。原生质体蓝绿色，有或无假空胞。

　　广布种，漂浮生活于各种水体中，能形成水华。

　　检出：青草沙水源地、陈行水源地、金泽水源地。

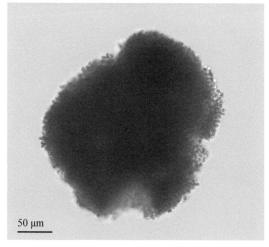

50 μm

图 1-2　水华微囊藻

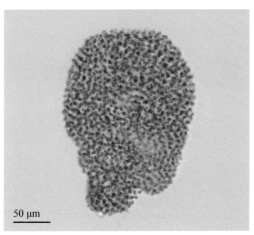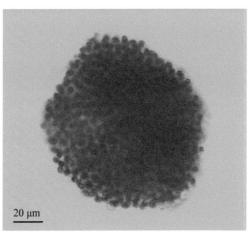

图 1-2　水华微囊藻（续）

3. 鱼害微囊藻（图 1-3）
M. ichthyoblabe

　　群体蓝绿色或棕黄色，团块较小，不定形、海绵状，肉眼可见。不形成叶状，但有时在少数成熟的群体中可见不明显穿孔。胶被透明、易溶解、不明显、无色或微黄绿色、无折光。胶被密贴细胞群体边缘。胶被内细胞排列不紧密，常聚集为多个小细胞群。细胞小，球形，直径 1.7～3.6 μm，平均 2.8 μm。原生质体蓝绿色或棕黄色，有气囊。

　　广布种，浮游，主要水华种类。

　　检出：青草沙水源地、陈行水源地、金泽水源地。

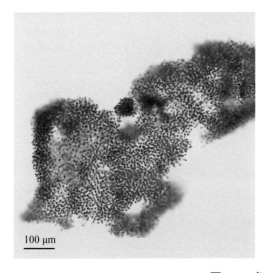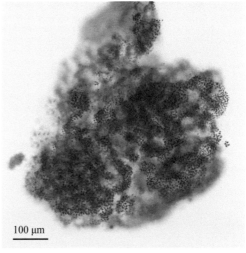

图 1-3　鱼害微囊藻

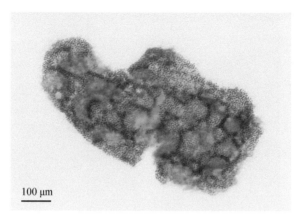

100 μm

图 1-3   鱼害微囊藻（续）

4. 惠氏微囊藻（图 1-4）
M. wesenbergii

群体形态变化最多，有球形、椭圆形、卵形、肾形、圆筒状、叶瓣状或不规则形，常通过胶被串联成树枝状或网状，集合成更大的群体，肉眼可见。群体胶被明显，边界明确，无色透亮，坚固、不易溶解，分层且有明显折光。胶被离细胞边缘远，距离 5 μm 以上。细胞较大，球形或近球形，直径 4.5～8.1 μm，平均 6.4 μm。原生质体深蓝绿色或深褐色，有气囊。

广布种，自由漂浮。在富营养化水体中，分布及丰度甚至超过铜绿微囊藻。

检出：青草沙水源地、金泽水源地。

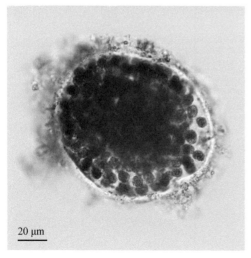
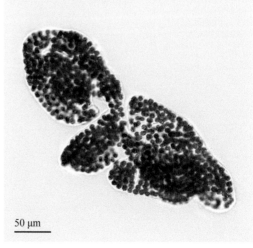

20 μm   50 μm

图 1-4   惠氏微囊藻

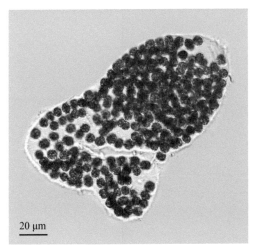
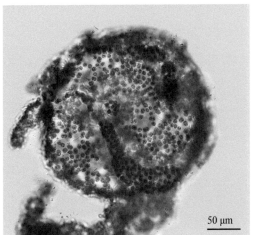
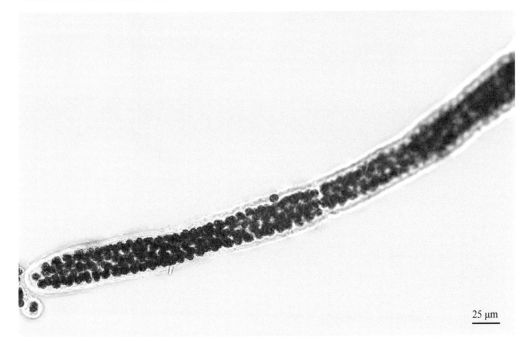

图 1-4　惠氏微囊藻（续）

5. 假丝微囊藻（图 1-5）

M. pseudofilamentosa

群体窄长，带状。藻体每隔一段有一个收缢和一个相对膨大的部分，膨大处的细胞较收缢处相对密集，收缢和膨大使整个藻体形成类似分节的串联体。藻体通常由 2～20 个亚群体组成。群体一般宽 17～35 μm，长可达 1 000 μm。群体胶被无色透明、不明显、易溶解、无折光。细胞充满胶被，随机密集排列。细胞较大，球形，直径 3.7～5.9 μm，平均 4.8 μm。原生质体蓝绿色或茶青色，有气囊。

浮游，主要生活于各种静止水体中，能参与形成水华。

检出：青草沙水源地。

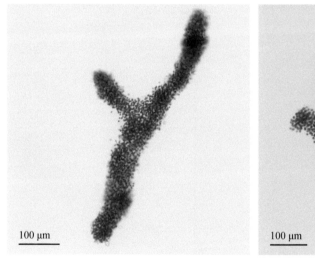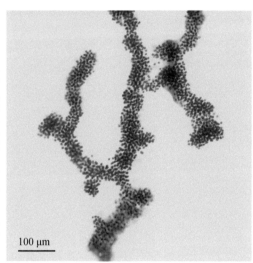

图 1-5　假丝微囊藻

6. 挪氏微囊藻（图 1-6）

M. novacekii

群体球形或不规则形，团块较小，直径一般在 50～300 μm。群体之间通过胶被连接，堆积成更大的球体或不规则的群体，一般为 3～5 个小群体连接成环状，但群体内不形成穿孔或树枝状。胶被无色或微黄绿色，明显但边界模糊、易溶解、无折光。胶被内细胞排列不十分紧密，外层细胞呈放射状排列，少数细胞散离群体。细胞球形，直径 3.7～5.8 μm，平均 4.9 μm，大小介于水华微囊藻与铜绿微囊藻之间。原生质体黄绿色，有气囊。

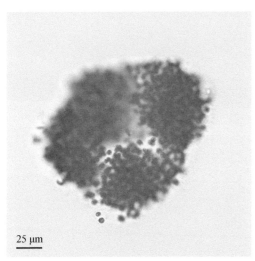

25 μm

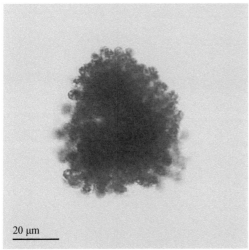

20 μm

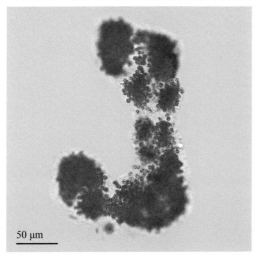

50 μm

图 1-6　挪氏微囊藻

亚洲广布种，淡水浮游，常生长在中营养型或富营养型的湖泊、池塘等水体中，有时可形成或参与形成水华。

检出：青草沙水源地、金泽水源地。

7. 史密斯微囊藻（图 1-7）
M. smithii

群体团块较小，球形或近球形，不形成穿孔或树枝状，直径一般在 30 μm 以上，有的可以超过 1 000 μm。胶被无色或微黄绿色，易见但边界模糊、无折光、易溶解。胶被内细胞围绕胶被稀疏而又有规律地排列，细胞单个或成对出现。细胞间隙较大，一般远大于其细胞直径。细胞球形，较小，直径 2.5～6.0 μm，平均 4.3 μm。原生质体蓝绿色或茶青色，有气囊。

淡水浮游种类，常生长在清洁的湖泊和富营养型的湖泊中。

检出：青草沙水源地、金泽水源地。

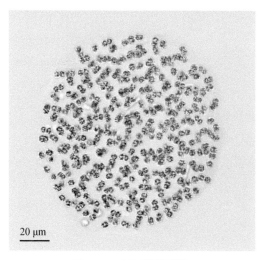

图 1-7　史密斯微囊藻

8. 片状微囊藻（图 1-8）
M. panniformis

　　自由漂浮，肉眼可见浅绿色，群体特征明显，呈片状、席状、扁平状，群体大小多在 1～2 cm，个别群体甚至更大。显微镜下观察群体呈棕褐色，具有不明显（幼体）或者明显（成熟个体）穿孔，边缘不规则，无明显边缘或重叠细胞，胶质不明显，细胞球形，均匀排列，细胞大小 2.6～6.8 μm，具气囊。

　　浮游种类，在中国太湖有报道，夏季最盛，常伴其他水华种类出现，目前未见有单独水华报道。

　　检出：青草沙水源地、金泽水源地。

肉眼观察片状微囊藻群体

 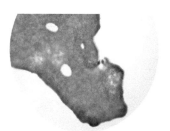 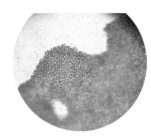

图 1-8　片状微囊藻

色球藻属（图 1-9）
Chroococcus

植物体少数为单细胞，多数为 2～6 个以至更多细胞组成的群体。群体胶被较厚，均匀或分层，透明或黄褐色、红色、紫蓝色。细胞球形或半球形，个体细胞胶被均匀或分层。原生质体均匀或具有颗粒。

检出：青草沙水源地、陈行水源地、金泽水源地。

图 1-9　色球藻属

色球藻纲	色球藻目	平列藻科
Chroococcophyceae	Chroococcales	Merismopediaceae

隐球藻属（图 1-10）
Aphanocapsa

　　原植体由2个至多数细胞组成的群体。群体球形、卵形、椭圆形或不规则形。群体胶被厚而柔软，无色、黄色、棕色或蓝绿色。细胞球形，常2个或4个细胞一组分布于群体中，每组间有一定距离。个体胶被不明显。

　　在淡水及海水中均能生存，淡水种类较多。

　　检出：金泽水源地。

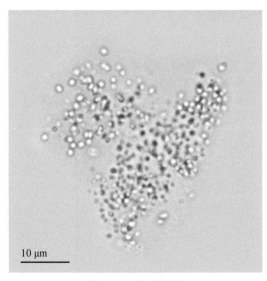

10 μm

图 1-10　隐球藻属

平列藻属
Merismopedia

　　群体小，由一层细胞组成平板状。群体胶被无色、透明、柔软。群体中细胞排列整齐，通常两个一对，两对一组，4 个小组一小群，许多小群集合成大群体，小群体细胞多为 32～64 个，大群体细胞可达数百个以至数千个。原生质体均匀。

多为浮游性藻类，零散地分布于水中，一般不形成优势种。

检出：青草沙水源地、金泽水源地。

图 1-11　**旋折平列藻**（*M. convolute*）

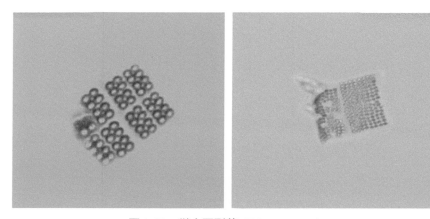

图 1-12　**微小平列藻**（*M. tenuissima*）

腔球藻属（图 1-13）
Coelosphaerium

　　群体微小，略为圆球形或卵形，自由漂浮；胶被薄，无色，常无明显界线，群体中央无胶质柄；细胞一层，位于群体胶被周边，圆形，刚分裂的为半球形，常彼此分离，有或无假空胞。

　　营浮游生活。

　　检出：青草沙水源地。

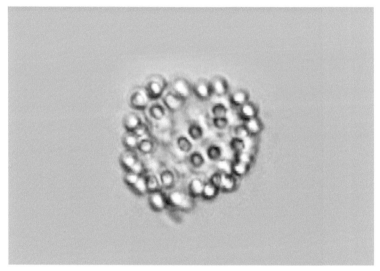

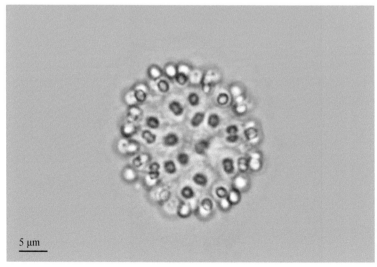

5 μm

图 1-13　腔球藻属

藻殖段纲	颤藻目	假鱼腥藻科
Hormogonophyceae	Oscillatoriales	Pseudanabaenaceae

泽丝藻属（图 1-14）
Limnothrix

藻丝漂浮；无鞘，顶端钝圆，不渐尖细，由多数长形、圆柱形细胞组成，横壁处不收缢或略收缢，细胞宽 1～6 μm；气囊位于细胞顶部或中央；以藻丝断裂成小片段的不动的藻殖囊进行繁殖。

淡水种，广布。

检出：青草沙水源地。

细鞘丝藻属（图 1-15）
Leptolyngbya

柱状藻丝细，宽 0.5～2 μm，略呈波状；细胞方形或长圆柱形，具薄的鞘；伪分枝偶然发生；横壁收缢，不太明显；细胞内无气囊，无颗粒；藻丝断裂形成不动的藻殖囊。

检出：青草沙水源地。

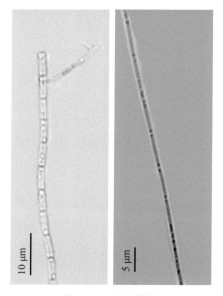

图 1-14　泽丝藻属

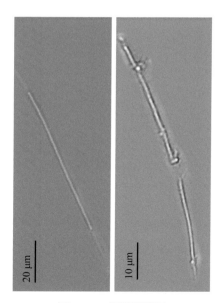

图 1-15　细鞘丝藻属

假鱼腥藻属（图 1-16）
Pseudanabaena

　　藻丝单生，自由漂浮或微薄的垫状，直出或弓形，少波状，由很少到几个圆柱形的或长或短的细胞组成，细胞横壁常明显收缢；藻丝无鞘，具胶被，顶端细胞无分化。细胞两端钝圆，几乎呈桶形。以藻殖段或藻丝断裂的方式进行繁殖。

　　淡水，漂浮，部分可产生土霉味物质 2- 甲基异莰醇。

　　检出：青草沙水源地、陈行水源地、金泽水源地。

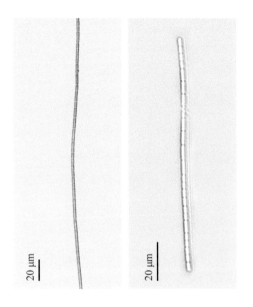

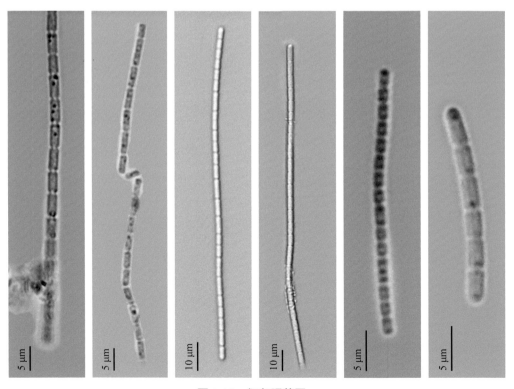

图 1-16　假鱼腥藻属

藻殖段纲	颤藻目	席藻科
Hormogonophyceae	Oscillatoriales	Phormidiaceae

席藻属（图 1-17）
Phormidium

植物体胶状或皮状，由许多藻丝组成，丝体不分枝，直或弯曲；藻丝具鞘，有时略硬，彼此粘连，有时部分融合，薄，无色，不分层；藻丝能动，圆柱形，横壁收缢或不收缢，末端细胞头状或不呈头状，细胞内不具气囊；繁殖形成藻殖段。

着生或漂浮，广布种。

检出：青草沙水源地、金泽水源地。

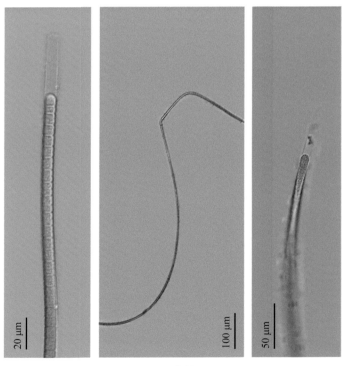

图 1-17　席藻属

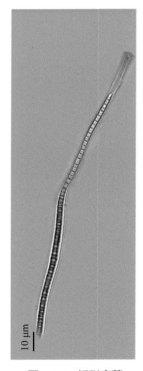

图 1-18　**纸形席藻**
（*P. papyraceum*）

浮丝藻属（图 1-19）
Planktothrix

　　藻丝单生，直或略不规则波状或弯曲，等极，圆柱状，长可达 4 mm，宽 2～12 μm，末端略尖细或不尖细，无鞘，无胶质包被，偶尔具稀的鞘，无伪分枝；细胞圆柱形，罕见桶形；顶端细胞宽圆钝状或狭锥状，有时具帽状结构或外壁增厚。

　　浮游，广温，部分种类可产生土霉味物质 2- 甲基异莰醇。

　　检出：青草沙水源地、金泽水源地。

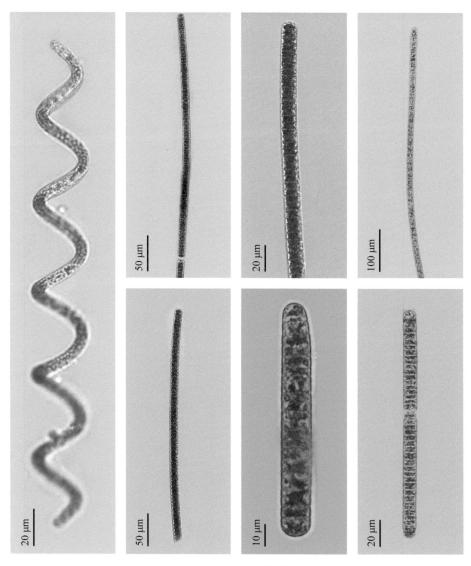

图 1-19　浮丝藻属

拟浮丝藻属（图 1-20）
Planktothricoides

　　藻丝单生，直出，末端渐细，藻丝近顶端略弯，等极，横壁略收缢或不收缢，宽 3.5～11 μm，偶尔具薄的、无色的鞘，小气囊易于破裂，以形成藻殖段进行繁殖。

　　浮游。

　　检出：青草沙水源地、金泽水源地。

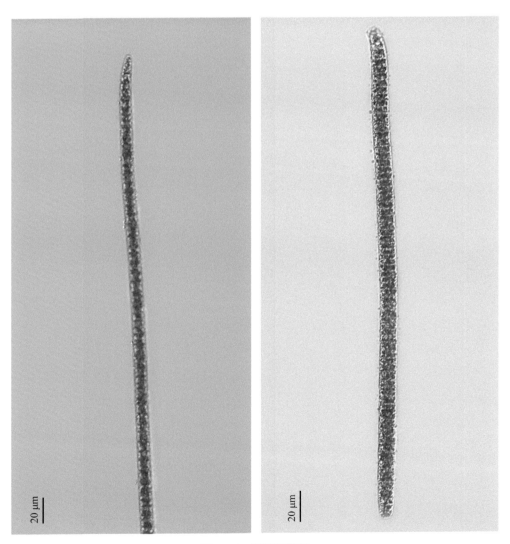

图 1-20　拟浮丝藻属

藻殖段纲
Hormogonophyceae

颤藻目
Oscillatoriales

颤藻科
Oscillatoriaceae

颤藻属（图 1-21）
Oscillatoria

　　藻体常肉眼可见，平滑，层状；藻丝圆柱形，直或略为波状，有时在末端有小的似螺旋卷曲，多数宽 6.8 μm，最宽可达 70 μm；细胞短圆盘状，长比宽小 2～11 倍。细胞内含物均质或有时具大的颗粒，无气囊；以藻殖段形式进行繁殖。

　　着生，部分种类可产生土霉味物质 2- 甲基异莰醇。

　　检出：青草沙水源地、陈行水源地、金泽水源地。

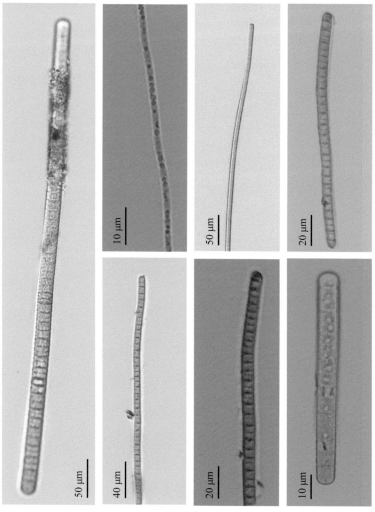

图 1-21　颤藻属

螺旋藻属（图 1-22）
Spirulina

　　藻丝粗细一致，两端不渐尖细，顶部多宽圆，无顶冠，丝外无胶鞘，有规则地或螺旋状弯曲；藻丝内不能清晰见到是否有横壁，或是不存在横壁而全体只是 1 个细胞。

　　检出：青草沙水源地。

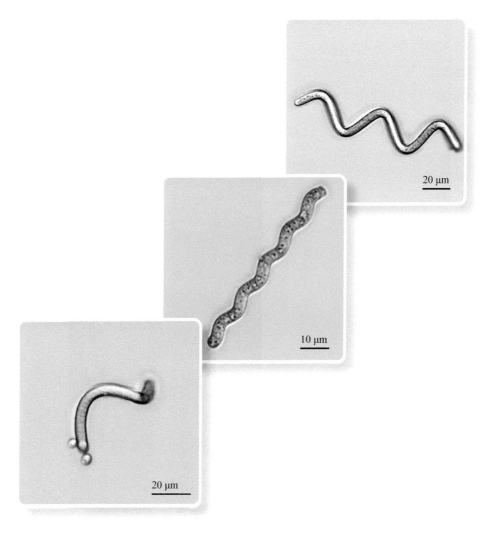

图 1-22　螺旋藻属

藻殖段纲	念珠藻目	念珠藻科
Hormogonophyceae	Nostocales	Nostocaceae

长孢藻属
Dolichospermum

　　藻丝等极，单生成小的丛簇，细胞横壁具收缢，无硬的鞘，有时具薄的、水溶性的胶质包被；顶端营养细胞无分化；生长时期的细胞气囊群遍布，在显微镜下可见；异形胞由营养细胞分化形成，单个，间位；成熟的厚壁孢子常比营养细胞大 3 倍或更多倍。

　　浮游，许多种类形成水华。

　　检出：金泽水源地。

图 1-23　近亲长孢藻（*D. affine*）

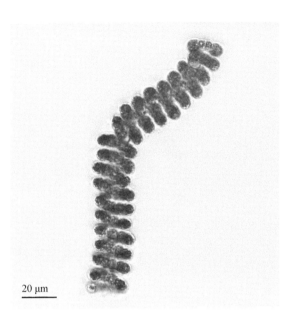

图 1-24　**假紧密长孢藻**（*D. pseudocompacta*）

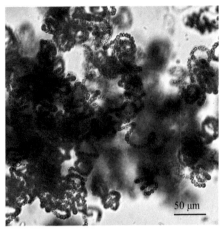

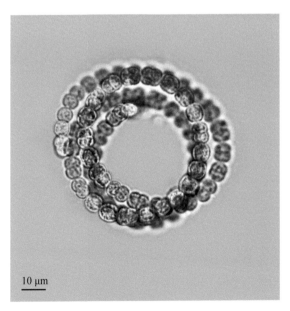

图 1-25　**卷曲长孢藻**（*D. circinalis*）

图 1-26　**水华长孢藻**（*D. flos-aquae*）

拟鱼腥藻属（图1-27）
Anabaenopsis

　　丝状体单列，不分枝，单生或缠绕成小的丛簇；藻丝弓形或不规则螺旋状卷曲，罕见直出；无硬的鞘，有时具水溶性的、薄的、无色胶被；藻丝末端具单个和间位的异形胞；横壁常收缢；细胞圆柱形、桶形到几乎圆球形；异形胞位于藻丝末端。

　　自由漂浮。

　　检出：金泽水源地。

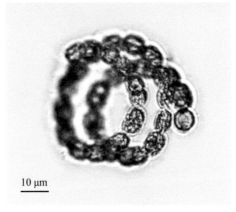

图 1-27　拟鱼腥藻属

束丝藻属
Aphanizomenon

　　藻丝常聚合成束，多数藻丝直，无伪分枝；末端细胞长，渐细，无色透明，有时略弯；异形胞间位，孢子远离异形胞或与异形胞相连，单个或几个连生或分离，无分生带；细胞圆柱形，具许多气囊；繁殖时形成藻殖段或不能动的藻殖囊；分布于温带富营养化湖泊、池塘。

　　浮游，可形成水华。

　　检出：青草沙水源地、金泽水源地。

尖头藻属（图1-29）
Raphidiopsis

　　细胞排成的列短而弯曲，无鞘，两端尖细或一端尖细；细胞圆柱形，有或无气囊；无异形胞。具厚壁孢子，单生或成对，位于藻丝之间。

　　检出：青草沙水源地。

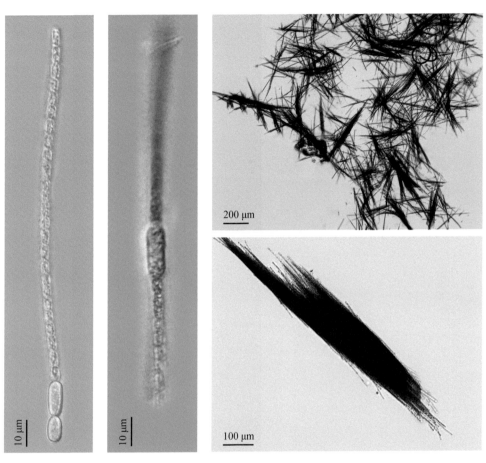

图 1-28　水华束丝藻（*A. flos-aquae*）

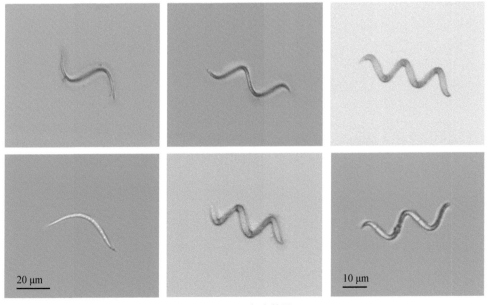

图 1-29　尖头藻属

拟柱孢藻属
Cylindrospermopsis

　　藻丝自由漂浮，单生、直、弯或螺旋样卷曲，无鞘，藻丝等极，近对称，模壁有或无收缢；细胞圆柱形或圆桶形，灰蓝绿色、浅黄色或橄榄绿色，具假空胞；末端细胞圆锥形或顶端钝或尖；异形胞位于藻丝末端，卵形、倒卵形或圆锥形，有时略弯曲，似滴水形具单孔；厚壁孢子椭圆形、圆柱形。

　　浮游，许多种类成水华，且可产生拟柱孢藻毒素。

　　检出：青草沙水源地、金泽水源地。

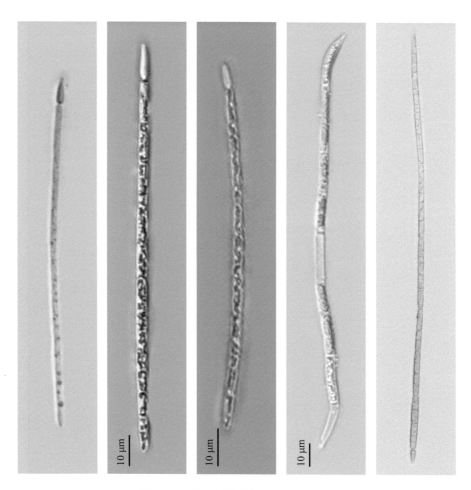

图 1-30　拉氏拟柱孢藻（*C. raciborskii*）

矛丝藻属
Cuspidothrix

　　藻丝直或弯曲，甚少螺旋卷曲，单生圆柱状，两端渐狭；细胞几乎呈桶形、方形或长大于宽，具细颗粒，具气囊；顶端细胞长形，渐尖，透明，钝尖或锐尖；异形胞间位，单生，圆柱形或椭圆形；厚壁孢子间位，单生，长形或略呈圆柱形，远离异形胞或位于其一侧。

　　自由漂浮。

　　检出：青草沙水源地、金泽水源地。

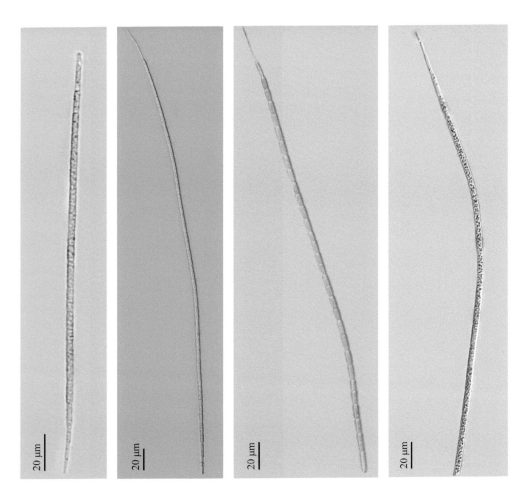

图 1-31　**伊沙矛丝藻**（*C. issatschenkoi*）

2

绿藻门

Chlorophyta

绿 藻门植物类型多种多样，主要包括单细胞鞭毛类、群体鞭毛类、四集体或四胞藻群体、球形类型、叠状结构、丝状结构等。细胞壁主要成分为纤维素，外层常具果胶质。细胞表面一般平滑，有的具颗粒、孔纹、瘤、刺、毛等构造。储藏物质为淀粉。鞭毛细胞和动孢子常具 2（4~8）条顶生等长鞭毛。多数种类具 1 个、数个或多个色素体，其形态构造因种类或同种的不同发育阶段呈现不同，主要有杯状、片状、盘状、星状、带状和网状，有些种类老细胞色素体常分散，充满整个细胞。大多数种类色素体内含有 1 个至数个蛋白核。储藏物质为淀粉，呈颗粒状。光合作用色素包括叶绿素 a 和叶绿素 b，辅助色素有叶黄素、胡萝卜素、玉米黄素等。绝大多数细胞草绿色，通常具有蛋白核；大多数种类具 1 个细胞核，少数为多核，具核膜和核仁。

本书收录上海市饮用水水源地常见绿藻门种类 2 纲 8 目 18 科 54 属。

绿藻纲 Chlorophyceae	团藻目 Volvocales	衣藻科 Chlamydomonadaceae

四鞭藻属（图 2-1）
Carteria

单细胞，球形、心形、卵形、椭圆形等，横断面为圆形；细胞壁明显，平滑。细胞前端中央有或者无乳头状突起，具 4 条等长的鞭毛，基部具 2 个伸缩泡。色素体常为杯状，少数为"H"形或片状，具 1 个或数个蛋白核。有或无眼点。细胞单核。

检出：青草沙水源地、陈行水源地、金泽水源地。

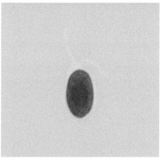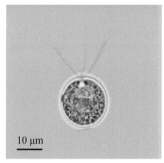

10 μm

图 2-1　四鞭藻属

衣藻属（图 2-2）
Chlamydomonas

单细胞，细胞球形、卵形、椭圆形或宽纺锤形等，常不纵扁，细胞壁平滑，不具或具有胶被。前端中央具或不具乳头状突起，具 2 条等长的鞭毛。具 1 个大型的色素体，多数杯状，少数片状、"H"形或星状等；具 1 个蛋白核，少数具 2 个、多个。细胞核常位于细胞的中央偏前端，有的位于细胞中部或一侧。生长旺盛时期以无性繁殖为主；遇不良环境形成胶群体，环境适合时，恢复游动单细胞状态。喜有机质丰富的小水体和潮湿土表，多在春秋两季大量生长。

检出：青草沙水源地、陈行水源地、金泽水源地。

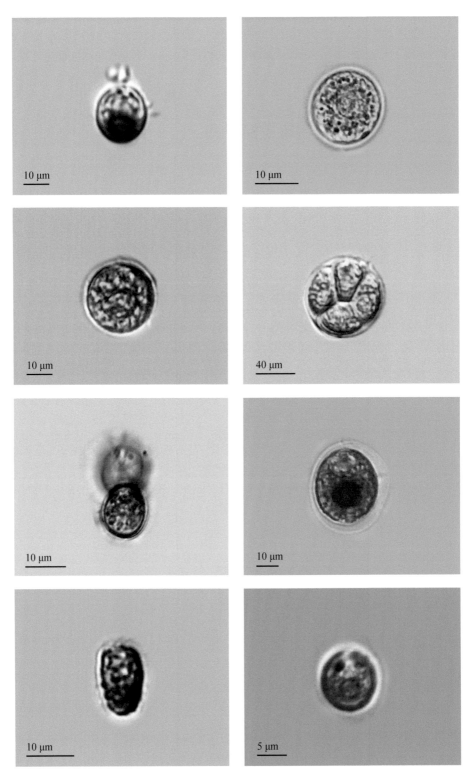

图 2-2　衣藻属

绿藻纲 Chlorophyceae	团藻目 Volvocales	壳衣藻科 Phacotaceae

壳衣藻属（图 2-3）
Phacotus

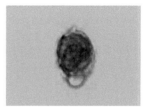
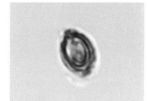

　　单细胞，纵扁；囊壳正面观球形、卵形、椭圆形；侧面观广卵形、椭圆形或双凸透镜形；囊壳由 2 个半片组成，侧面 2 个半片接合处具 1 条纵向的缝线；囊壳常具钙质沉淀，呈暗黑色，壳面平滑或粗糙，具各种花纹；原生质体小于囊壳；原生质体为卵形或近卵形，前端中央 2 条等长的鞭毛从囊壳的 1 个开孔伸出；色素体大，杯状，1 个或数个蛋白核。

　　检出：青草沙水源地。

图 2-3　壳衣藻属

翼膜藻属（图 2-4）
Pteromonas

　　单细胞，明显侧扁。囊壳正面观球形、卵形，前端宽而平直，或呈正方形到长方形、六角形，角上具或不具翼状突起；侧面观近梭形，中间具 1 条纵向的缝线。囊壳由 2 个半片组成，表面光滑。原生质体小于囊壳，前端靠近囊壳，正面观球形、卵形、椭圆形；前端中央 2 条等长的鞭毛从囊壳的 1 个开孔伸出。色素体杯状或块状，具 1 个或数个蛋白核。

　　检出：青草沙水源地。

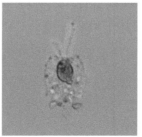
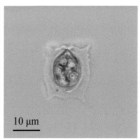

10 μm

图 2-4　翼膜藻属

韦斯藻属（图2-5）
Westella

　　复合真性定形群体，群体由4个细胞成四方形地排列于1个平面上。细胞球形，直径3.0～9.0 μm，色素体周生、杯状，有1个蛋白核。湖泊中常见，尤以软水湖泊中数量最多。

　　检出：青草沙水源地、陈行水源地、金泽水源地。

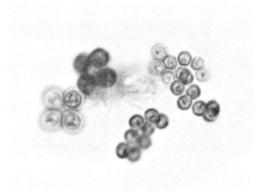

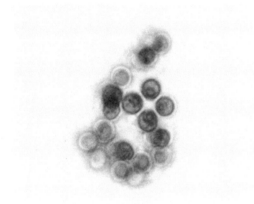
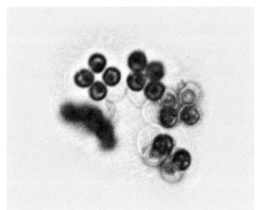

图2-5　韦斯藻属

异形藻属（图2-6）
Dysmorphococcus

　　单细胞，囊壳球形、卵形、椭圆形，顶面观为圆形或椭圆形，多数常具钙或硅化合物沉积，呈褐色、黑褐色，壳面具许多小孔，少数平滑无孔，原生质体明显小于囊壳，前面与囊壳贴近，原生质体球形、卵形，具2条等长的、约等于或略长于体长的鞭毛，色素体杯状，具1个、2个或多个不规则排列的蛋白核。

图2-6　异形藻属

　　检出：青草沙水源地。

绿藻纲	团藻目	团藻科
Chlorophyceae	Volvocales	Volvocaceae

盘藻属
Gonium

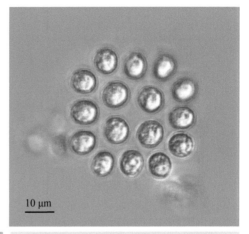

群体板状，方形，由 4～32 个细胞组成，排列在一个平面上，具胶被。群体细胞的个体胶被明显，彼此由胶被部分相连，呈网状，中央具 1 个大的空腔。群体细胞形态构造相同，球形、卵形、椭圆形，前端具 2 条等长鞭毛。色素体大，杯状。

分布：常生长在有机质丰富的浅水湖及池塘中。

检出：青草沙水源地、金泽水源地。

10 μm

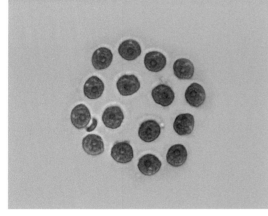
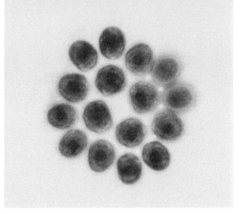

图 2-7　美丽盘藻（*G. formosum*）

实球藻属（图 2-8）
Pandorina

定形群体具胶被，球形、短椭圆形，由 8 个、16 个、32 个细胞（罕见 4 个细胞）组成。群体细胞彼此紧贴，细胞间常无空隙。细胞球形、倒卵形、楔形，前端中央具 2 条等长鞭毛。色素体多为杯状，具 1 个或数个蛋白核。常见于有机质含量较多的浅水湖泊和鱼池中。

　　检出：青草沙水源地、陈行水源地、金泽水源地。

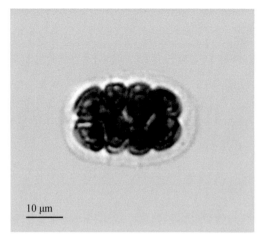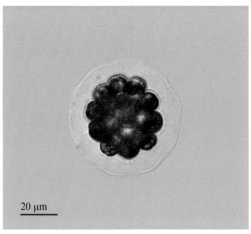

图 2-8　实球藻属

空球藻属（图 2-9）
Eudorina

　　定形群体椭圆形，罕见球形，由 16 个、32 个、64 个细胞组成，群体细胞彼此分离，排列在群体胶被的周边；群体胶被表面平滑或具胶质小刺。细胞球形，壁薄，中央具 2 条等长鞭毛。色素体杯状，具 1 个或数个蛋白核。常见于有机质丰富的小水体中。

　　检出：青草沙水源地、陈行水源地、金泽水源地。

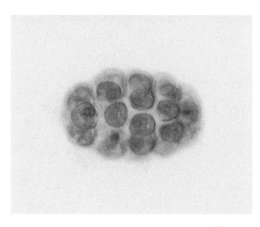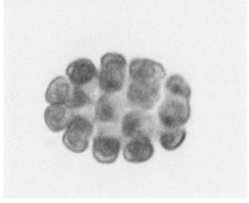

图 2-9　空球藻属

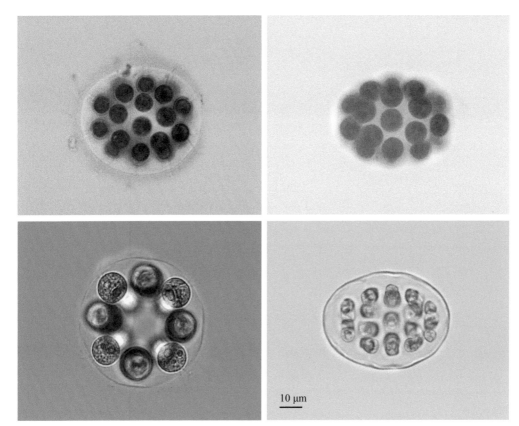

图 2-9　空球藻属（续）

团藻属（图 2-10）

Volvox

定形群体具胶被，球形、卵形或椭圆形，由 512 个至数万个细胞组成。群体细胞彼此分离，排列在无色的群体胶被周边。群体细胞球形、卵形、扁球形、多角形、楔形或星形，前端中央具 2 条等长的鞭毛。色素体杯状、碗状或盘状，具 1 个蛋白核。常产于有机质含量较多的浅水水体中，春季常大量繁殖。

检出：青草沙水源地。

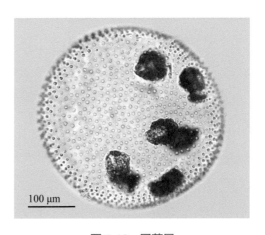

图 2-10　团藻属

绿藻纲
Chlorophyceae

四孢藻目
Tetrasporales

四集藻科
Palmellaceae

四集藻属（图 2-11）
Palmella

无定形胶质团块，单个或 2 个、4 个、8 个细胞为 1 组，无规则分散在胶被中；群体细胞球形到广椭圆形；色素体周生、杯状，蛋白核 1 个。

检出：青草沙水源地。

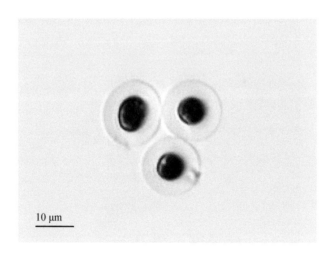

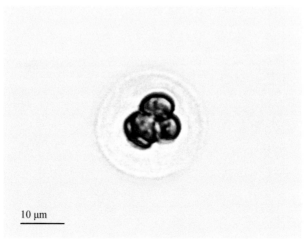

图 2-11　四集藻属

绿藻纲	绿球藻目	绿球藻科
Chlorophyceae	Chlorococcales	Chlorococcaceae

微芒藻属
Micractinium

植物体由 4 个、8 个、16 个、32 个或更多的细胞组成，排成四方形、角锥形或球形，细胞有规律地互相聚集，无胶被，有时形成复合群体；细胞多为球形或略扁平，细胞外侧的细胞壁具 1~10 条长粗刺，色素体周生、杯状，1 个，具 1 个蛋白核或无。

检出：青草沙水源地、陈行水源地、金泽水源地。

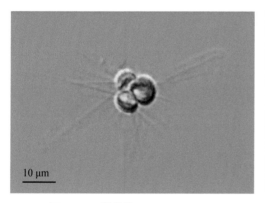

图 2-12　微芒藻（*M. pusillum*）

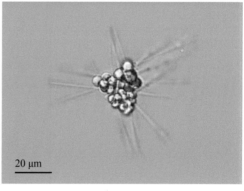

图 2-13　博恩微芒藻（*M. bornhemiensis*）

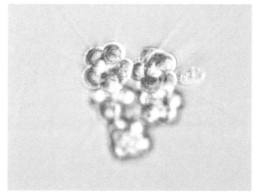

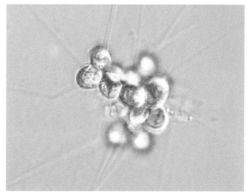

图 2-14　扁球微芒藻（*M. depressum*）

多芒藻属（图2-15）
Golenkinia

　　植物体单细胞。细胞球形；细胞壁厚，具一层常很薄的胶被；细胞壁表面有许多分布不规则的、基部不明显粗大的纤细无色透明的刺；色素体1个，杯状，周位；具1个蛋白核。

　　浮游，多见于浅水湖泊、池塘、有机物质较多的水体中。

　　检出：青草沙水源地、陈行水源地、金泽水源地。

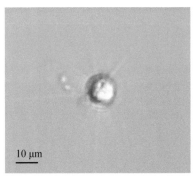

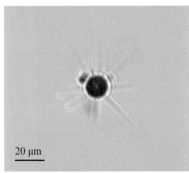

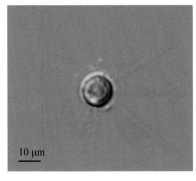

图2-15　多芒藻属

绿藻纲 Chlorophyceae	绿球藻目 Chlorococcales	小桩藻科 Characiaceae

弓形藻属
Schroederia

　　植物体单细胞。细胞针形、纺锤形或新月形；两端向前延伸为或长或短的不分叉的刺，直或弯曲；色素体 1 个，片状，周生，常充满整个细胞；具 1 个或更多个蛋白核；细胞核 1 个，年老时可为多个。

　　浮游。

　　检出：青草沙水源地、陈行水源地、金泽水源地。

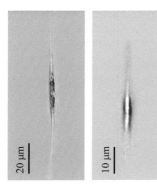 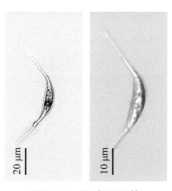 

图 2-16　弓形藻　　　　　图 2-17　印度弓形藻　　　图 2-18　螺旋弓形藻
（*S. setigera*）　　　　　　（*S. indica*）　　　　　　（*S. spiralis*）

锚藻属（图 2-19）
Ankyra

　　单细胞，纺锤形或圆柱状纺锤形，两端向前渐尖；前端常延伸为刺状，后端基部常为锚状；色素体一个，周位；常具一个蛋白核。

　　浮游，罕附生于水生动植物体表。

　　检出：青草沙水源地。

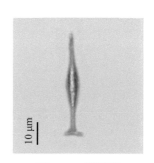

图 2-19　锚藻属

绿藻纲
Chlorophyceae

绿球藻目
Chlorococcales

小球藻科
Chlorellaceae

小球藻属（图 2-20）
Chlorella

　　植物体为单细胞，单生或多个细胞聚集成群，群体中的细胞大小不一致；细胞球形或椭圆形；细胞壁薄或厚，色素体周生，杯状或片状，1 个；具 1 个蛋白核或无；多生长在较肥沃的小型水体中。

　　浮游。

　　检出：青草沙水源地、陈行水源地、金泽水源地。

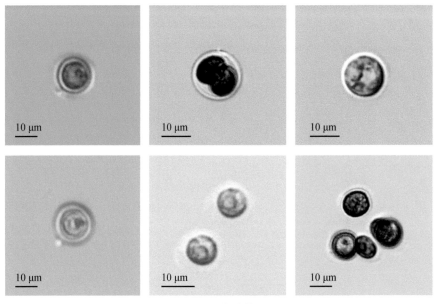

图 2-20　小球藻属

集球藻属（图 2-21）
Palmellococcus

　　植物体为单细胞，单生或数个细胞聚集成丛或扩展成膜状薄层；细胞球形或椭圆形；细胞壁平滑，较厚，色素体盘状，幼细胞为 1 个，成熟时为 2 个到多个，通常无蛋白核。

　　检出：青草沙水源地。

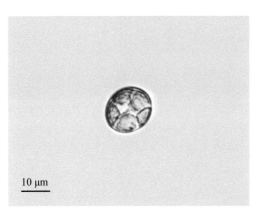
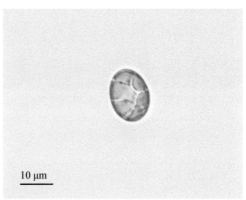

图 2-21　集球藻属

顶棘藻属
Lagerheimiella

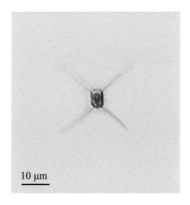

植物体单细胞；细胞椭圆形、卵形、柱状长圆形或扁球形，细胞壁薄，细胞的两端或两端和中部具有对称排列的长刺，刺的基部具或不具结节；色素体周生，片状或盘状，1个到数个，各具1个蛋白核或无。常见于有机质丰富的水体中。

浮游。

检出：青草沙水源地、陈行水源地、金泽水源地。

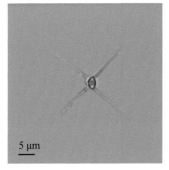
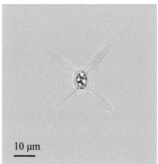
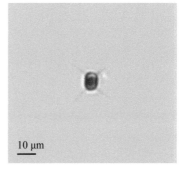

图 2-22　日内瓦顶棘藻（*L. genevensis*）

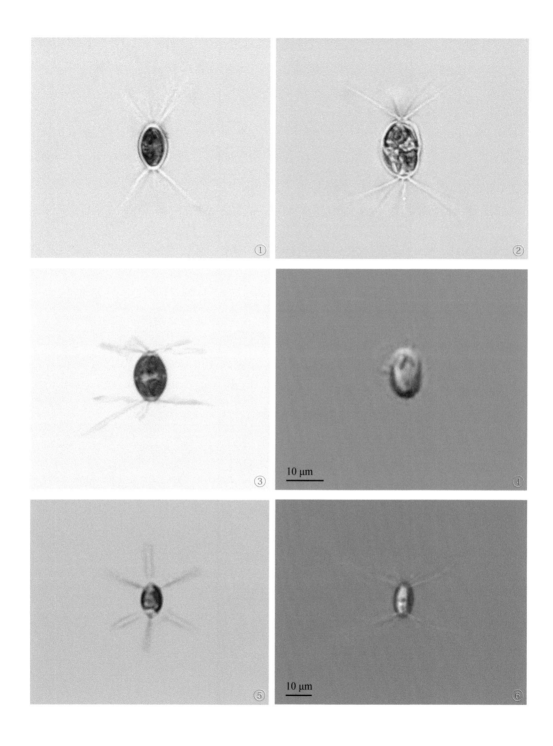

图 2-23　**极毛顶棘藻**（*L. cilliata*）（①~③）

图 2-24　**巴拉塔顶棘藻**（*L. balatonica*）（④）

图 2-25　**盐生顶棘藻**（*L. subsalsa*）（⑤~⑥）

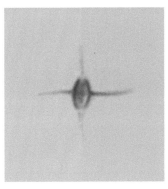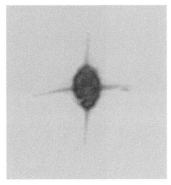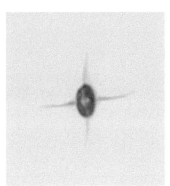

图 2-26　**十字顶棘藻**（*L. wratislaviensis*）

被刺藻属（图 2-27）
Franceia

　　植物体单细胞，有时 2～4 个细胞聚集于一起；细胞椭圆形、卵形、长圆或长椭圆形，两端宽圆或圆；细胞壁薄，表面具多数排列不规则的刺，刺基部较粗或较宽或不如此，有或无结节；色素体 1 个或多个，片状，周生；1 个蛋白核。

　　浮游。

　　检出：青草沙水源地、陈行水源地、金泽水源地。

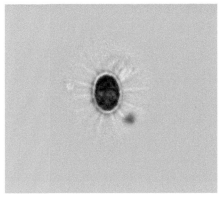

图 2-27　**被刺藻属**

四角藻属
Tetraedron

植物体单细胞；细胞扁平三角形、四角形、五角形、多角形，或立体四角、五角或多角锥状；每个细胞含 2 个、3 个、4 个、5 个或更多个向外伸出的角突，角突顶端平滑，或由细胞壁延伸形成数量不同的刺；细胞壁薄；色素体 1 个到多个，多盘状，周位，具 1 个或不具蛋白核。常见于各种静止水体、沼泽、沟渠、湖泊等中。

浮游。

检出：青草沙水源地、陈行水源地、金泽水源地。

纤维藻属（图 2-33）
Ankistrodesmus

植物体单细胞，偶有胶被；或 2 个、4 个、8 个、16 个或更多个细胞聚集于一起，呈各种形态，具或不具共同胶被。细胞大多细长，纺锤形，直或弯曲，呈新月形或镰形；两端尖细，或较短，或较宽圆；色素体 1 个，周位，片状，偶有分瓣；不具或偶具 1 个蛋白核，多不具淀粉鞘；普遍以似亲孢子进行生殖。

普生种，多浮游。

检出：青草沙水源地、陈行水源地、金泽水源地。

单针藻属
Monoraphidium

植物体多为单细胞，无共同胶被；细胞为或长或短的纺锤形，直或明显弯曲或轻微弯曲，成为弓状、近圆环状、"S"形或螺旋形等，两端多渐尖细，或较宽圆；色素体片状，周位，多充满整个细胞，罕在中部留有 1 个小孔隙；不具或具 1 个蛋白核。

多浮游。

检出：青草沙水源地、陈行水源地、金泽水源地。

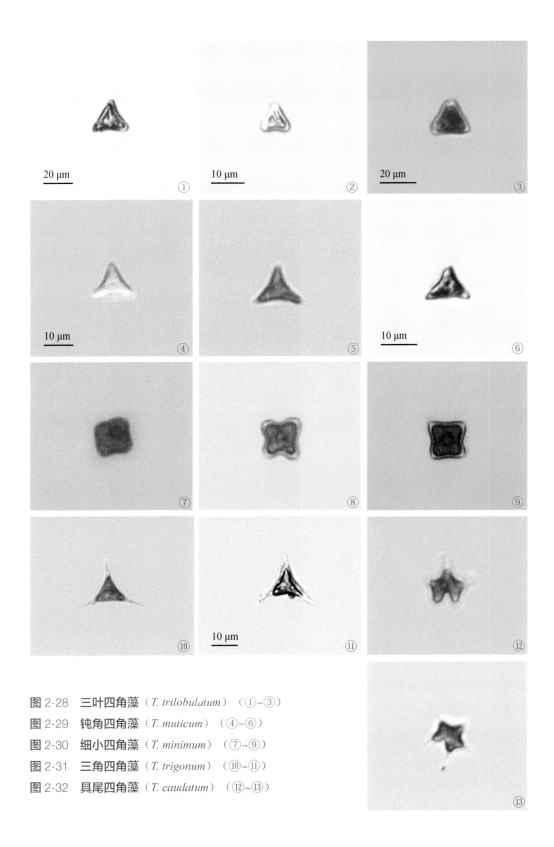

图 2-28　三叶四角藻（*T. trilobulatum*）（①~③）

图 2-29　钝角四角藻（*T. muticum*）（④~⑥）

图 2-30　细小四角藻（*T. minimum*）（⑦~⑨）

图 2-31　三角四角藻（*T. trigonum*）（⑩~⑪）

图 2-32　具尾四角藻（*T. caudatum*）（⑫~⑬）

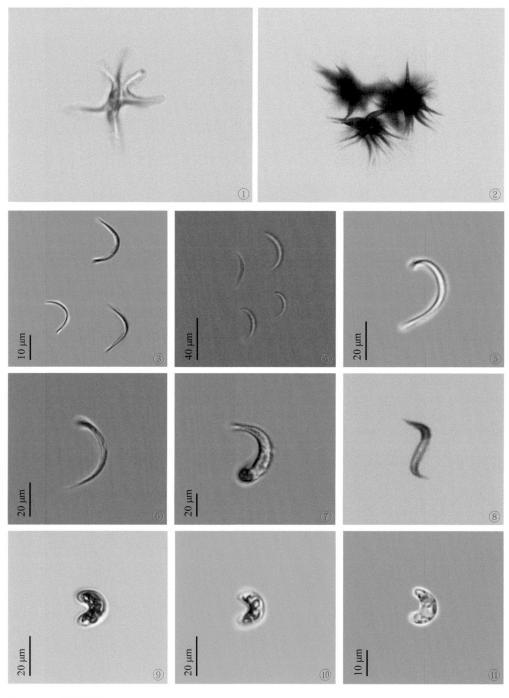

图 2-33　**纤维藻属**（①、②）

图 2-34　**奇异单针藻**（*M. mirabile*）（③～⑥）

图 2-35　**旋转单针藻**（*M. contortum*）（⑦～⑧）

图 2-36　**细小单针藻**（*M. minutum*）（⑨～⑪）

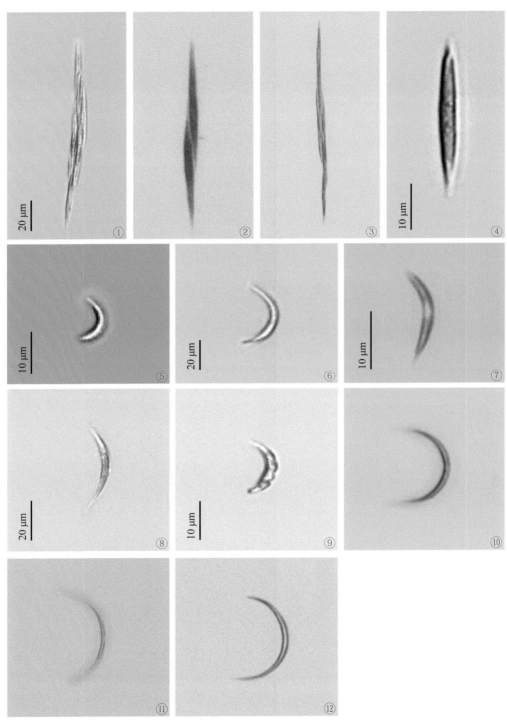

图 2-37　**格里佛单针藻**（*M. griffithii*）（①~④）

图 2-38　**加勒比单针藻**（*M. caribeum*）（⑤~⑨）

图 2-39　**弓形单针藻**（*M. arcuatum*）（⑩~⑫）

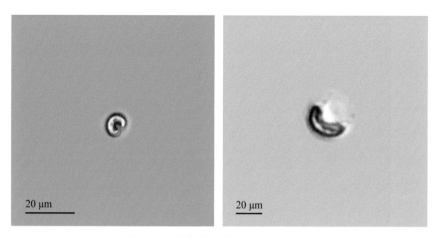

图 2-40　**卷曲单针藻**（*M. circinale*）

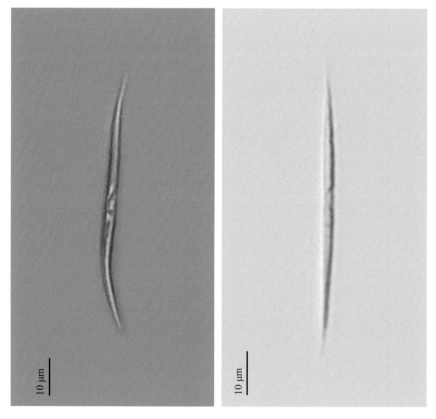

图 2-41　**科马克单针藻**（*M. komarkovae*）

蹄形藻属
Kirchneriella

植物体由 2 个、4 个、8 个、16 个、32 个或更多细胞聚集于 1 个无色透明的共同胶被内，极罕有单细胞个体；整个胶被为球形或近球形。细胞新月形、半月形、马蹄形或镰刀形，罕为圆锥形或不十分对称的椭圆形，两端宽或狭窄，向前渐尖或圆而略尖；色素体 1 个，片状，周位，充满整个细胞而罕在两端各具一空隙；不具或具 1 个蛋白核。

浮游，世界普生性种类。

检出：青草沙水源地、陈行水源地、金泽水源地。

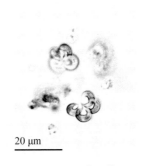

20 μm

图 2-42　蹄形藻
（*K. lunaris*）

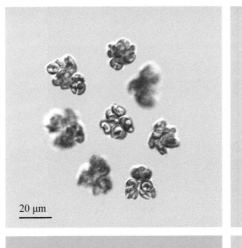

20 μm

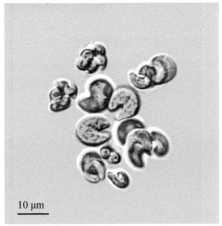

10 μm

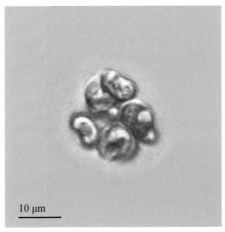

10 μm

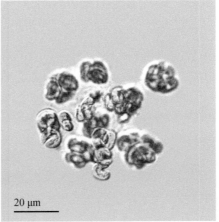

20 μm

图 2-43　肥蹄形藻（*K. obesa*）

四棘藻属
Treubaria

　　植物体单细胞。细胞球形或近球形，侧面常内凹，使细胞具数个圆顶状分瓣；细胞壁薄而光滑，外有 1 层无色、罕为褐色的被膜；被膜向外伸出 3 个、4 个或更多极为显著的形态各异的突出的角；角中空，基部常较宽，前延伸部分多具平行的两边，至顶端或渐窄、或渐尖细、罕为细长的刺；色素体幼时单一，杯状，老时成为多个，块状或网状，充满整个细胞。

　　浮游，世界广布种。

　　检出：青草沙水源地、陈行水源地、金泽水源地。

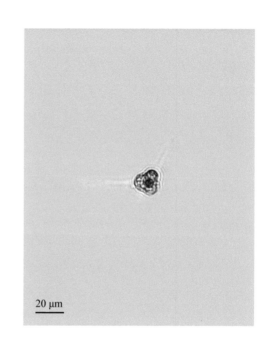

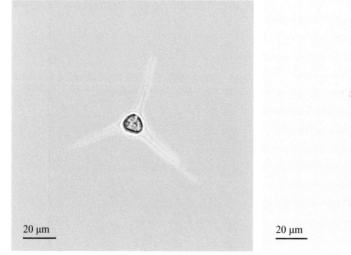

图 2-44　**刺四棘藻**（*T. setigera*）

月牙藻属
Selenastrum

　　植物体常4个、8个或更多个（16个、32个等）细胞聚于一起。细胞为有规则的新月形或镰形，两端尖；常以其背部凸出的部分互相接触而成外观较有规则的四边形；色素体1个，片状、周位。常位于细胞的中部；具一个或不具蛋白核。

多浮游。

检出：青草沙水源地、陈行水源地、金泽水源地。

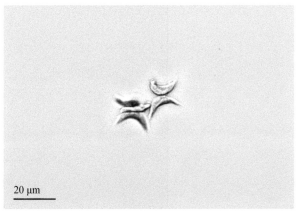

图 2-45　**端尖月牙藻**（*S. westii*）

绿藻纲	绿球藻目	卵囊藻科
Chlorophyceae	Chlorococcales	Oocystaceae

并联藻属
Quadrigula

　　植物体由单个或 2 个、4 个、8 个或更多的细胞聚集在 1 个共同的透明胶被内；常 2 个或 4 个或更多为 1 组，各以其长轴互相平行排列，但细胞与细胞间并不紧密相联接。细胞多为纺锤形、新月形、柱状长圆形或长椭圆形等，两端略尖细。色素体 1 个，片状，周位；不具或具 1～2 个蛋白核。

　　浮游。

　　检出：青草沙水源地。

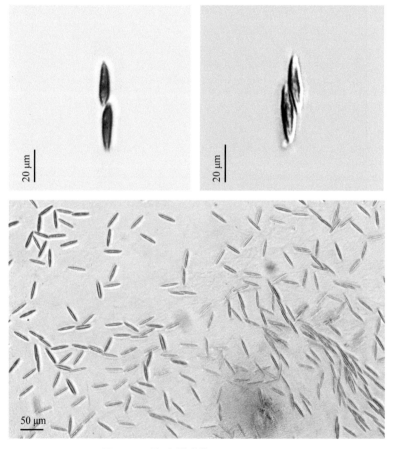

图 2-46　湖生并联藻（*Q. lacustris*）

卵囊藻属
Oocystis

　　植物体单细胞，细胞壁能扩大和不同程度的胶化，常包括（2～）4～8（～16）个似亲孢子在内，使整个母细胞成为细胞数目固定但不互相联结的细胞群体。细胞壁薄或厚，壁的两端常有（或没有）特别加厚，并分别形成大小不同的圆锥状部分或结节。色素体1个或多个，多周位或侧位，色素体内具1个或不具蛋白核。

　　浮游，广布种，少数附生于其他藻类或植物体表面。

　　检出：青草沙水源地、陈行水源地、金泽水源地。

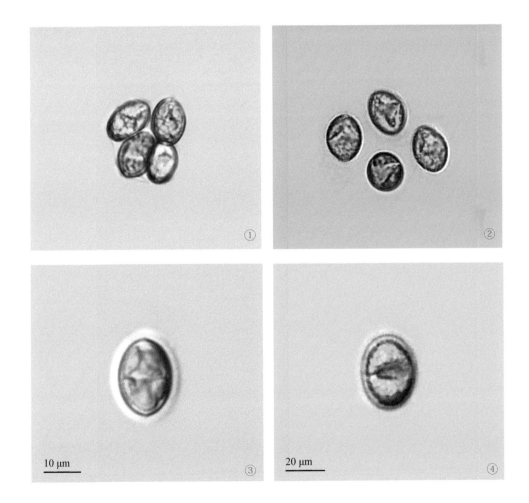

图 2-47　**湖生卵囊藻**（*O. lacustris*）（①~③）

图 2-48　**波吉卵囊藻**（*O. borgei*）（④）

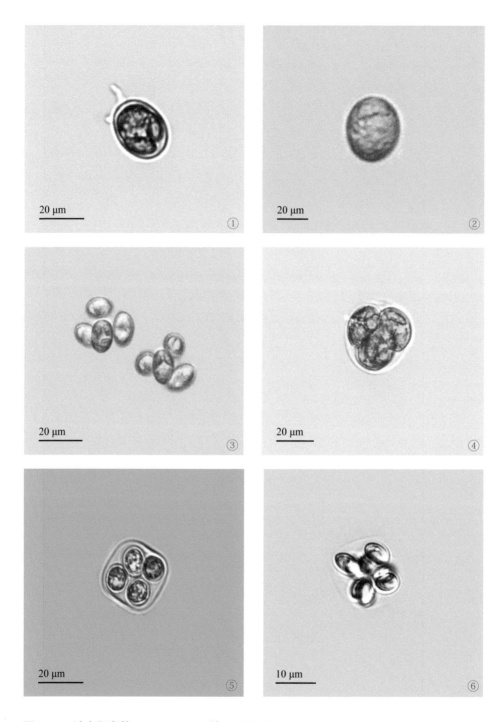

图 2-48　**波吉卵囊藻**（*O. borgei*）（**续**）（①~④）

图 2-49　**细小卵囊藻**（*O. pusilla*）（⑤）

图 2-50　**菱形卵囊藻**（*O. rhomboidea*）（⑥）

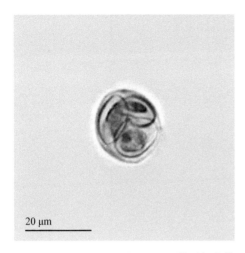 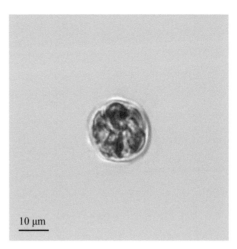

图 2-50　菱形卵囊藻（*O. rhomboidea*）（续）

纺锤藻属（图 2-51）
Elakatothrix

植物体为由 2 个、4 个、8 个或更多细胞组成的胶群体，罕为单细胞，群体胶被纺锤形或长椭圆形，无色，不分层；群体细胞纺锤形，其长轴多少与群体长轴平行，色素体周生、片状，1 个，位于细胞的一边，具 1 个或 2 个蛋白核。

漂浮或幼时着生，长成后漂浮。

检出：青草沙水源地。

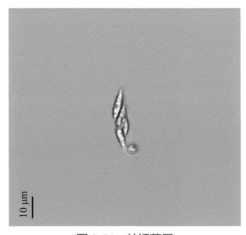

图 2-51　纺锤藻属

肾形藻属（图 2-52）
Nephrocytium

　　植物体常为由 2 个、4 个、8 个或 16 个细胞组成的群体，群体细胞包被在母细胞壁胶化的胶被中，常呈螺旋状排列；细胞肾形、卵形、新月形、半球形、柱状长圆形或长椭圆形等；色素体周生、片状，1 个，随细胞的成长而分散充满整个细胞，具 1 个蛋白核，常具多数淀粉颗粒。

　　浮游。

　　检出：青草沙水源地。

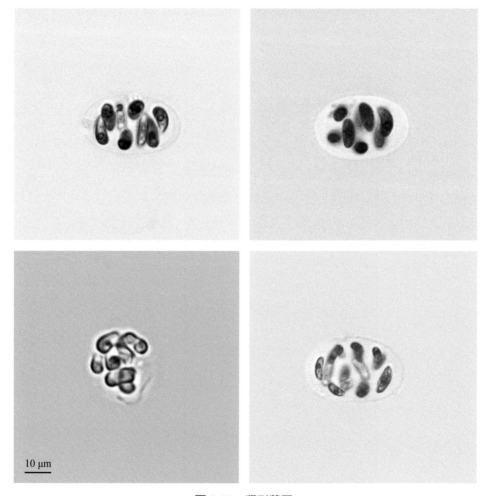

图 2-52　肾形藻属

绿藻纲 Chlorophyceae	绿球藻目 Chlorococcales	盘星藻科 Pediastraceae

盘星藻属
Pediastrum

真性定形群体，由2个、4个、8个、16个、32个、64个、128个细胞的细胞壁彼此连接形成一层细胞厚的扁平盘状、星状群体；细胞三角形、多角形、梯形等，细胞壁平滑或具颗粒、细网纹；色素体周生，盘状、圆盘状，1个，具1个蛋白核，色素体随细胞成长而扩散，成熟细胞具1个、2个、4个或8个细胞核。广泛生活于湖泊、池塘、稻田、水坑、沟渠之中。

浮游。

检出：青草沙水源地、陈行水源地、金泽水源地。

图 2-53　四角盘星藻（*P. tetras*）

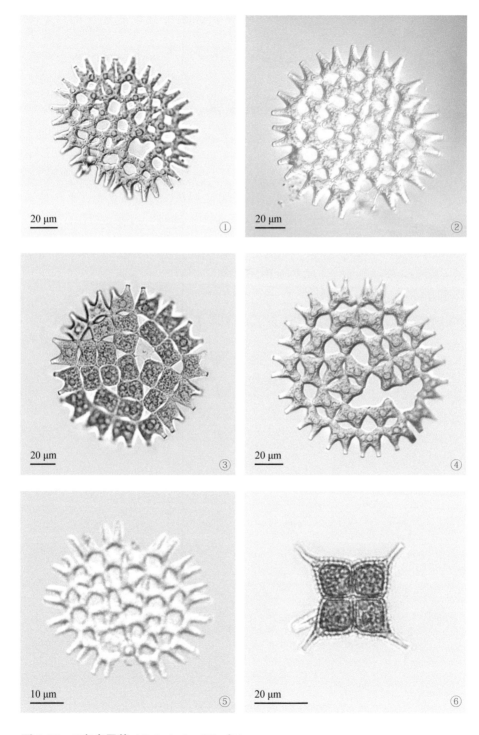

图 2-54   **二角盘星藻**（*P. duplex*）（①~⑤）

图 2-55   **单角盘星藻**（*P. simplex*）（⑥）

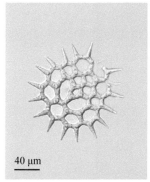
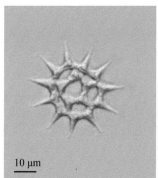
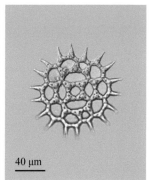

40 μm   10 μm   40 μm

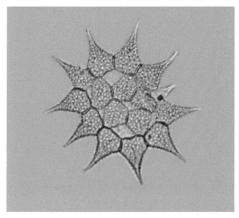

图 2-55　**单角盘星藻**（*P. simplex*）（续）

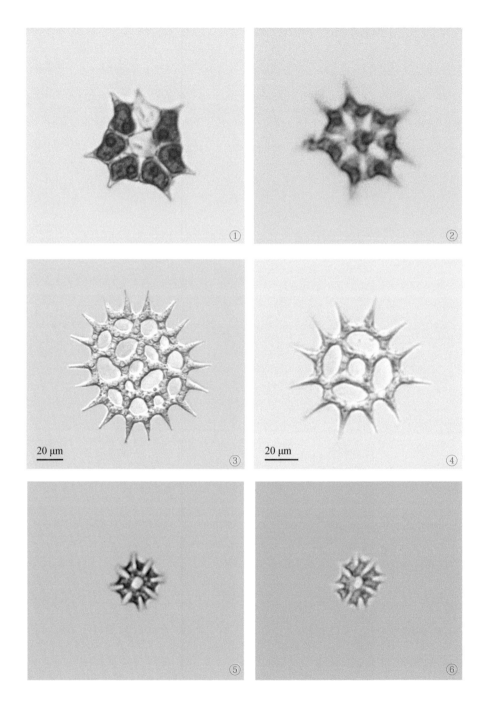

图 2-55　**单角盘星藻**（*P. simplex*）（续）（①~④）

图 2-56　**双射盘星藻**（*P. biradiatum*）（⑤、⑥）

绿藻纲	绿球藻目	网球藻科
Chlorophyceae	Chlorococcales	Dictyosphaeriaceae

网球藻属
Dictyosphaerium

植物体为原始定形群体，由2个、4个、8个细胞组成，常为4个、有时2个为1组，彼此分离的、以母细胞壁分裂所形成的二分叉或四分叉胶质丝或胶质膜相连接，包被在透明的群体胶被内；细胞球形、卵形、椭圆形或肾形，色素体周生、杯状，1个，具1个蛋白核。

浮游。

检出：青草沙水源地。

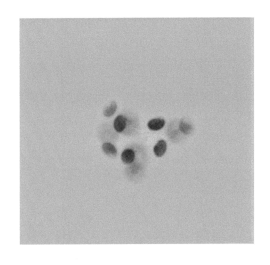

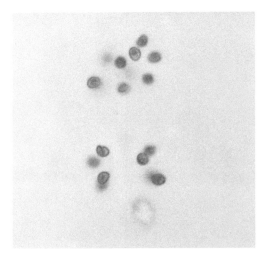
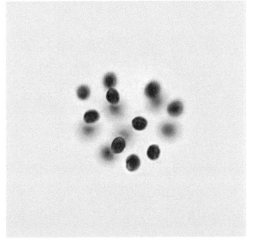

图 2-57　网球藻（*D. ehrenbergianum*）

绿藻纲
Chlorophyceae

绿球藻目
Chlorococcales

水网藻科
Hydrodictyaceae

水网藻属（图 2-58）
Hydrodictyon

　　植物体为真性定形群体，囊状，大型，由圆柱形到宽卵形的细胞彼此以其两端的细胞壁连接组成囊状的网。幼时色素体片状，具 1 个蛋白核、1 个细胞核，长成后色素体为网状，具多个蛋白核、多个细胞核。

　　检出：青草沙水源地、金泽水源地。

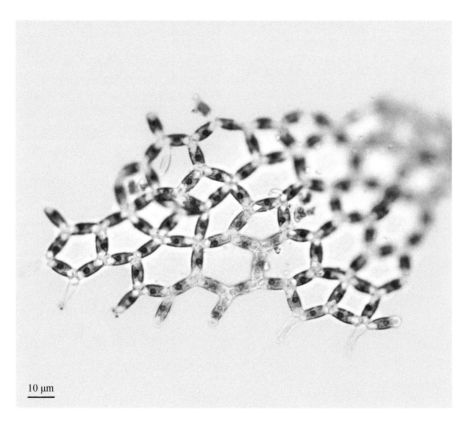

10 μm

图 2-58　水网藻属

绿藻纲	绿球藻目	栅藻科
Chlorophyceae	Chlorococcales	Scenedesmaceae

栅藻属（图 2-59）
Scenedesmus

集结体多由 2 个、4 个或 8 个（罕由 16 个或 32 个）细胞组成，细胞依其长轴在一平面上线形或交错地排成 1 列或 2 列；集结体内各细胞同形，或两端的与中间的异形；细胞呈长圆形、卵圆形、椭圆形、圆柱形、纺锤形、新月形或肾形；胞壁平滑，或具刺、齿、瘤或脊等，通常细胞顶端及侧缘具长刺或齿状突起或缺口；幼细胞色素体单一、周生，常具 1 个蛋白核，老细胞色素体充满整个细胞；核单一。

检出：青草沙水源地、陈行水源地、金泽水源地。

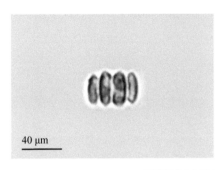

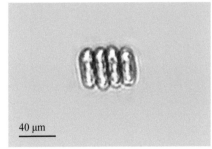

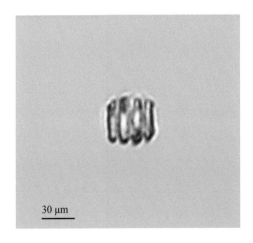

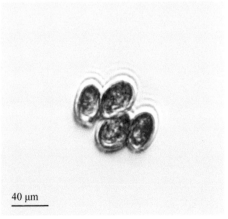

图 2-59　栅藻属

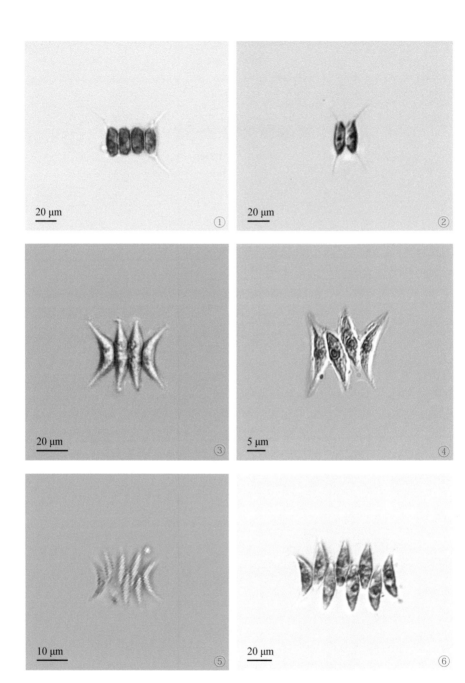

图 2-60   四尾栅藻（*S. quadricauda*）（①、②）

图 2-61   尖细栅藻（*S. acuminatus*）（③、④）

图 2-62   伯纳德栅藻（*S. bernardii*）（⑤）

图 2-63   斜生栅藻（*S. obliquus*）（⑥）

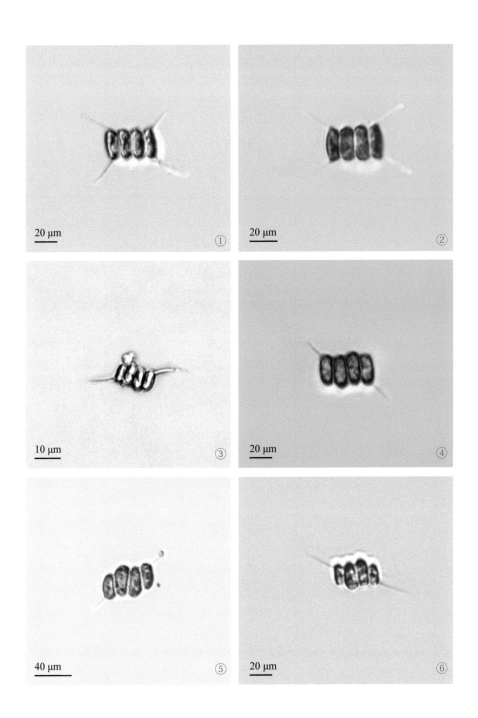

20 μm ①

20 μm ②

10 μm ③

20 μm ④

40 μm ⑤

20 μm ⑥

图 2-64　**西湖栅藻**（*S. sihensis*）（①、②）

图 2-65　**双尾栅藻**（*S. bicaudatus*）（③~⑥）

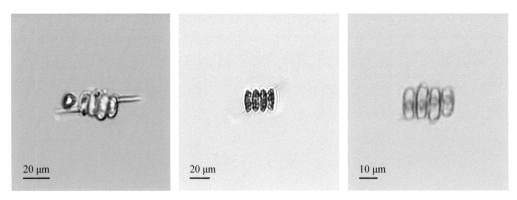

图 2-65　双尾栅藻（*S. bicaudatus*）（续）

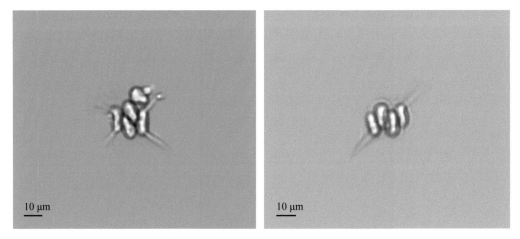

图 2-66　居间栅藻（*S. intermedius*）

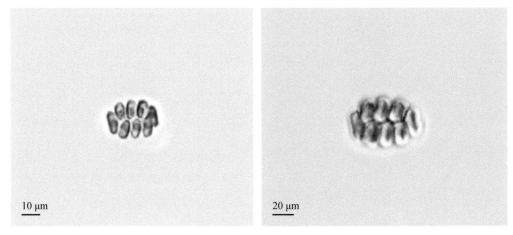

图 2-67　钝形栅藻（*S. obtusus*）

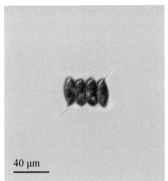
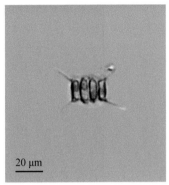
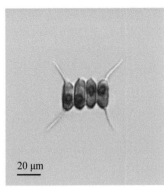

图 2-68　隆顶栅藻（*S. protuberans*）

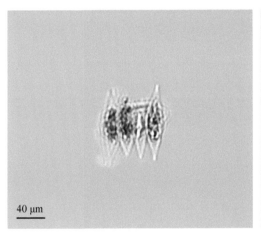
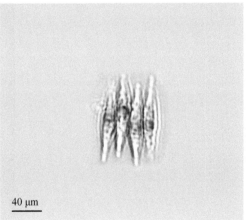

图 2-69　纤维形栅藻（*S. ankistrodesmoides*）

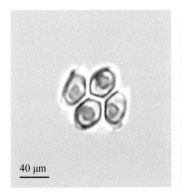

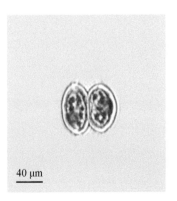

图 2-70　齿牙栅藻（*S. denticulatus*）

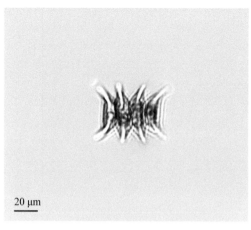

图 2-71　加勒比栅藻（*S. caribeanus*）

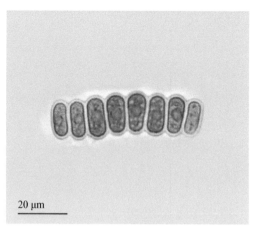

图 2-72　光滑栅藻（*S. ecornis*）

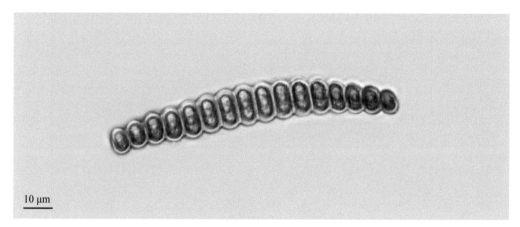

图 2-73　单列栅藻（*S. sihensis*）

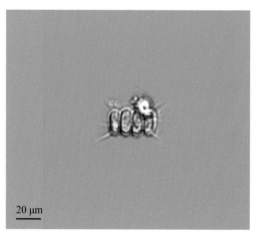

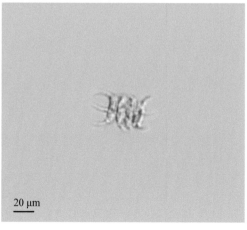

图 2-74　古氏栅藻（*S. gutwinskii*）

十字藻属
Crucigenia

植物体由4个细胞呈"十"字形排列，真性集结体，单一或复合；常具不明显的胶被；镜面观方形、长方形或扁菱形，中央具或不具空隙；细胞三角形、梯形、椭圆形或半圆形；每个细胞具1个色素体，片状，周位；具1个蛋白核。

广布种，浮游。

检出：青草沙水源地、陈行水源地、金泽水源地。

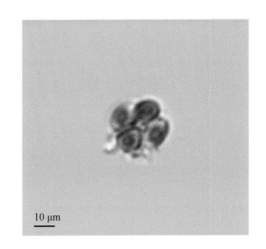

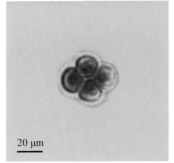

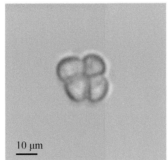

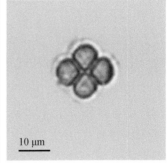

图 2-75　**四角十字藻**（*C. quadrata*）

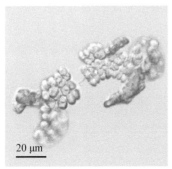

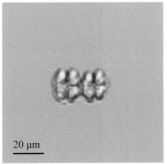

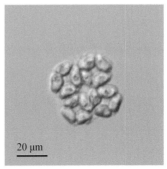

图 2-76　**方形十字藻**（*C. rectangularis*）

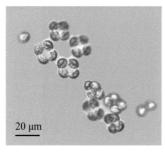

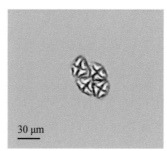

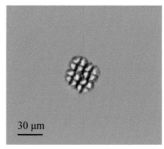

图 2-77　华美十字藻
（*C. lauterbornei*）

图 2-78　四足十字藻（*C. tetrapedia*）

集星藻属（图 2-79）
Actinastrum

　　真性集结体，单一后复合，无胶被；常由4个、8个、16个细胞组成；细胞柱状长圆形、棒状纺锤形或截顶长纺锤形，各细胞以一端在集结体中心相连接，呈放射状排列；色素体单一，片状，周位，具1个蛋白核。

　　浮游。

　　检出：青草沙水源地。

图 2-79　集星藻属

空星藻属
Coelastrum

植物体由 4 个、8 个、16 个、32 个或 128 个细胞组成中空的集结体；集结体球形或椭圆形，细胞数目较少的种类为立方形或四面体；细胞球形、卵形或多角形，以细胞壁或细胞壁突起互相连接；除连接部分外，胞壁表面光滑、部分增厚或具管状突起；具细胞间隙；细胞幼时色素体杯状，成熟后扩散，常充满整个细胞；具 1 个蛋白核。

检出：青草沙水源地、陈行水源地、金泽水源地。

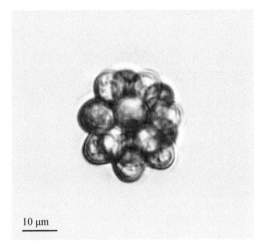

图 2-80　**小空星藻**（*C. microporum*）

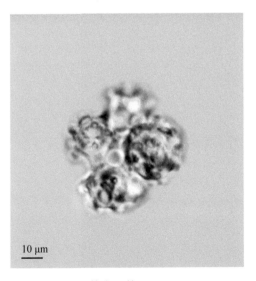

图 2-81　**果状空星藻**（*C. carpaticum*）

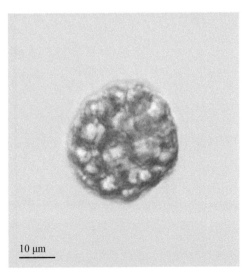

图 2-82　**多突空星藻**（*C. polychordum*）

双囊藻属
Didymocystis

双胞双囊藻（图 2-83）
D. bicellularis

集结体由 2 个细胞组成，相互以内侧的细胞壁紧密连接；细胞椭圆形，两端钝圆，外侧略凸；胞壁光滑；色素体单一，片状，周位；具 1 个蛋白核；细胞直径 2~4（5）μm，长 5~10 μm。

检出：青草沙水源地、陈行水源地、金泽水源地。

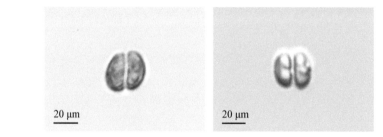

图 2-83　双胞双囊藻

四星藻属（图 2-84）
Tetrastrum

集结体由 4 个细胞组成，"十"字形排列在 1 个平面上，中心具或不具 1 个小孔；细胞近三角形或卵圆形；细胞壁平滑，或具颗粒或刺；色素体单一，片状，周位；具或不具蛋白核。

检出：青草沙水源地、金泽水源地。

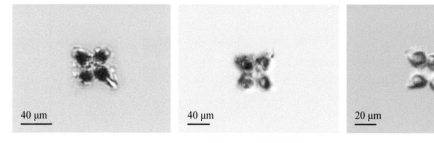

图 2-84　四星藻属

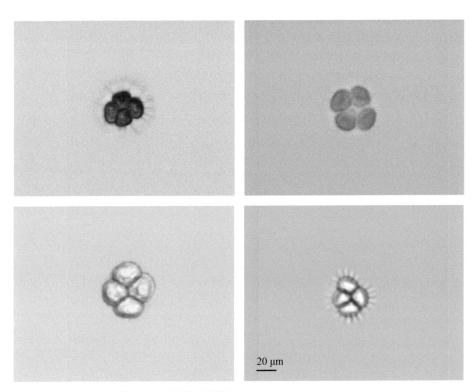

图 2-85　短刺四星藻（*T. staurogeniaeforme*）

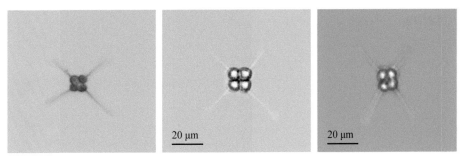

图 2-86　单棘四星藻（*T. hastiferum*）

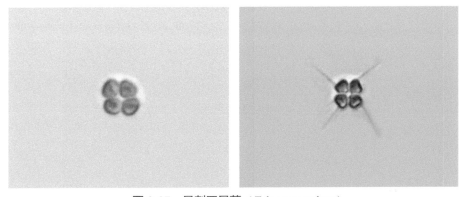

图 2-87　异刺四星藻（*T. heteracanthum*）

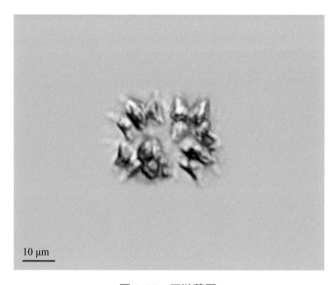

四链藻属（图 2-88）
Tetradesmus

　　真性集结体，浮游，由 4 个细胞组成，顶面观呈"十"字形排列；细胞依其纵轴平行排成 2 列，以内侧壁的大部分或仅中部与集结体中心相连接；细胞纺锤形、新月形或柱状长圆形；细胞外侧游离面平直、凹入或凸出；色素体片状，周生；具 1 个蛋白核。

　　检出：青草沙水源地、陈行水源地、金泽水源地。

10 μm

图 2-88　四链藻属

绿藻纲
Chlorophyceae

绿球藻目
Chlorococcales

葡萄藻科
Botryococcaceae

葡萄藻属（图 2-89）
Botryococcus

群体形态不定，胶被分叶，细胞 2 个或 4 个一组包被在群体胶被的顶端呈葡萄状。老的群体呈橘黄色。因其细胞含有硅质，死亡时不分解、沉积水底。

检出：青草沙水源地、金泽水源地。

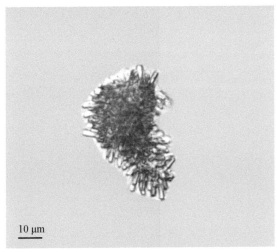

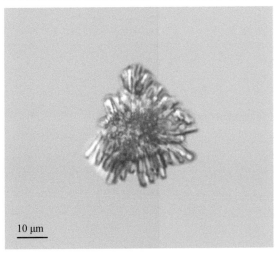

图 2-89　葡萄藻属

绿藻纲	丝藻目	丝藻科
Chlorophyceae	Ulotrichales	Ulotrichaceae

丝藻属
Ulothrix

丝状体由单列细胞构成，长度不等，幼丝体由基细胞固着在基质上，基细胞简单或略分叉成假根状；细胞圆柱状，有时略膨大，一般宽大于长，有时有横壁收缢；细胞壁一般为薄壁，有时为厚壁或略分层；少数种类具胶鞘。色素体1个，侧位或周位，部分或整个围绕细胞内壁，充满或不充满整个细胞，含1个或更多个蛋白核。营养繁殖为丝状体断裂。多生活在淡水中或潮湿的土壤或岩石表面，一般喜低温，夏季较少。

检出：青草沙水源地、金泽水源地。

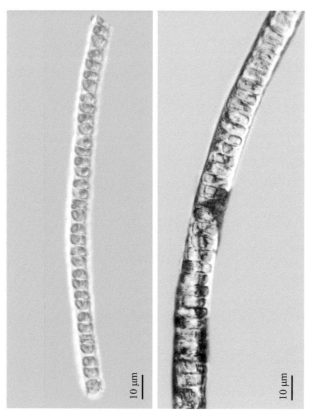

图 2-90　颤丝藻（*U. oscillatoria*）

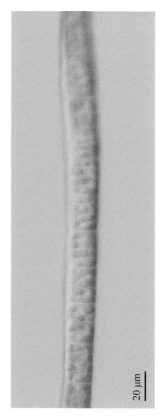

图 2-91　环丝藻（*U. zonata*）

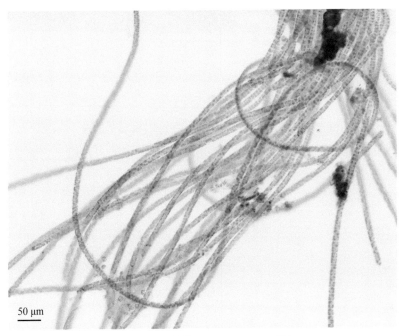

图 2-91　环丝藻（*U. zonata*）（续）

裂丝藻属
Stichococcus

杆裂丝藻（图 2-92）
S. bacillaris

　　丝状体短，通常由 2～6 个细胞组成，易断裂成单个细胞，常有横壁收缢；细胞圆柱状，两端平截，宽 2～3 μm，长为宽的 2～6 倍；色素体侧位，片状，仅占细胞周壁的一小部分，无蛋白核。

　　检出：青草沙水源地、陈行水源地、金泽水源地。

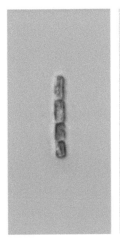

图 2-92　杆裂丝藻

游丝藻属
Planctonema

游丝藻（图 2-93）
P. lauterbornii

丝状体浮游，细胞圆柱状，两端宽圆，宽 2.5～4 μm，长（5～）9～15 μm，无胶鞘；丝状体一端或两端的细胞常失去细胞质，仅留下部分细胞壁，略似"H"形；色素体片状，侧位，绕细胞壁不及一周，无蛋白核。

检出：青草沙水源地、陈行水源地、金泽水源地。

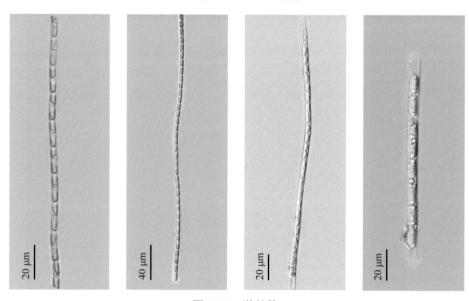

图 2-93　游丝藻

针丝藻属
Raphidonema

针丝藻（图 2-94）
R. nivale

植物体为单列细胞组成的不分枝的丝状体，丝状体短，由 2～12 个细胞构成，有时略弯曲，两端或仅一端细尖；细胞圆柱状或短圆柱状，两端的细胞较长；细胞壁薄，不具胶鞘。色素体侧位，片状，无蛋白核。

检出：青草沙水源地。

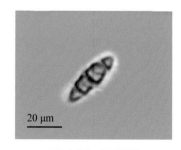

图 2-94　针丝藻

绿藻纲 Chlorophyceae	刚毛藻目 Cladophorales	刚毛藻科 Cladophoraceae

刚毛藻属（图2-95）
Cladophora

　　植物体着生，有些种类幼植物体着生，长成后漂浮。分枝丰富，具顶端和基部的分化。分枝为互生型、对生型，或有时为双叉型、三叉型；分枝宽度小于主枝，或至少其顶端略细小。细胞圆柱形或膨大；多数种类壁厚，分层。具多个周生、盘状的色素体和多个蛋白核。

　　广布。

　　检出：青草沙水源地。

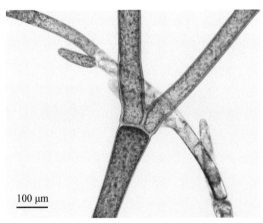

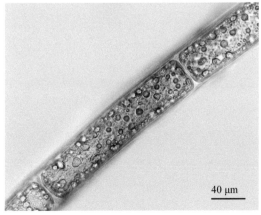

图 2-95　刚毛藻属

绿藻纲   胶毛藻目   隐毛藻科
Chlorophyceae   Chaetophorales   Aphanochaetaceae

隐毛藻属（图 2-96）
Aphanochaete

　　由 1 列细胞组成的分枝丝状体；分枝不规则，细胞球形、近球形或圆柱状，有些分枝顶端或有些营养细胞上有单细胞的、基部隆起如葱头状的无色的刺毛，细胞内有 1 个周位的、筒状或盘状的色素体，具 1～2 个蛋白核。

　　附生。

　　检出：青草沙水源地。

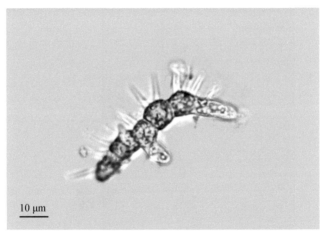

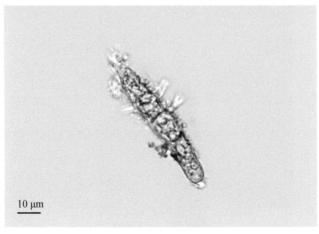

图 2-96　隐毛藻属

双星藻纲   双星藻目   双星藻科
Zygnematophyceae   Zygnematales   Zygnemataceae

转板藻属（图 2-97）
Mougeotia

藻丝不分枝，有时产生假根；营养细胞圆柱形，其长度比宽度通常大4倍以上；细胞横壁平直；色素体轴生、板状，1个，极少数2个，具多个蛋白核，排列成一行或散生；细胞核位于色素体中间的一侧。

检出：青草沙水源地、陈行水源地、金泽水源地。

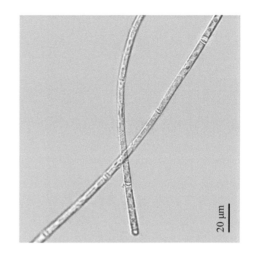

图 2-97　转板藻属

水绵属（图 2-98）
Spirogyra

　　藻丝不分枝，少数种类具假根（或侧枝）或附着器；横壁平直或折叠，极罕见为半折叠或束合；色素体周位，带状，螺旋形，1～16 条，各具被有淀粉鞘的蛋白核一列；细胞核位于细胞中央；梯形接合或侧面接合或兼具有二者。

　　检出：青草沙水源地。

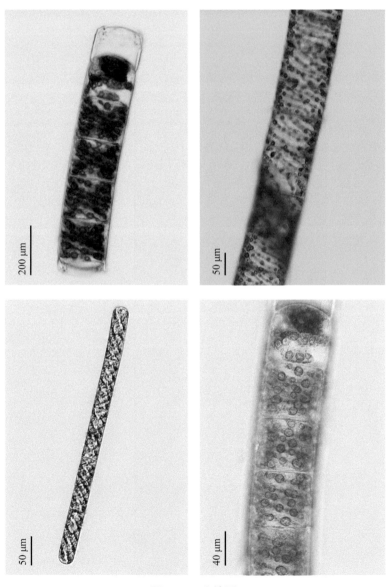

图 2-98　水绵属

双星藻纲	鼓藻目	鼓藻科
Zygnematophyceae	Desmidiales	Desmidiaceae

鼓藻属（图2-99）
Cosmarium

　　单细胞，细胞大小变化大，侧扁，缢缝常深凹入，狭线形或向外张开；半细胞正面观近圆形、半圆形、椭圆形、卵形、肾形、梯形、长方形、方形、截顶角锥形等，顶缘圆，平直或平直圆形，半细胞缘变平滑或具波形、颗粒、齿，半细胞中部有或无膨大、隆起或拱形隆起；半细胞侧面观绝大多数呈椭圆形或卵形；垂直面观椭圆形、卵形、纺锤形等；细胞壁平滑，具穿孔纹、圆孔纹、小孔、齿、瘤或具一定方式排列的颗粒、乳突等；色素体轴生或周生。世界性广布，主要生长在偏酸性、贫营养的软水水体，较少数的种类生长在富营养的水体中。

　　检出：青草沙水源地、陈行水源地、金泽水源地。

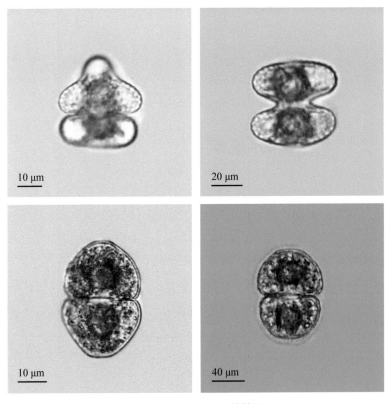

图 2-99　鼓藻属

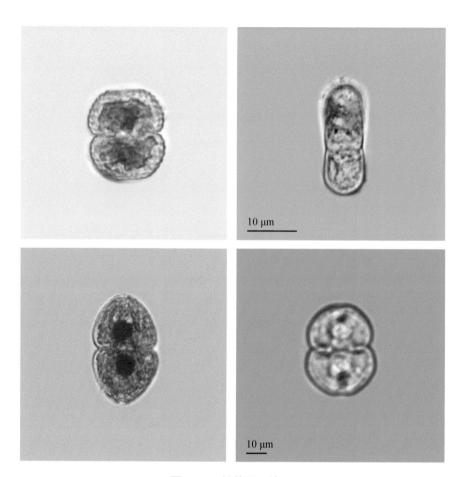

图 2-99 鼓藻属（续）

新月藻属（图 2-100）
Closterium

单细胞，新月形，略弯曲或显著弯曲，少数平直，中部不凹入，腹部中间不膨大或膨大，顶部钝圆、平直圆形、喙状或逐渐尖细；横断面圆形；细胞壁平滑、具纵向的线纹、肋纹或纵向的颗粒，无色或因铁盐沉淀而呈淡褐色或褐色；每个半细胞具 1 个色素体，由 1 个或数个纵向脊片组成，蛋白核多数，纵向排成一列或不规则散生。

检出：青草沙水源地、陈行水源地、金泽水源地。

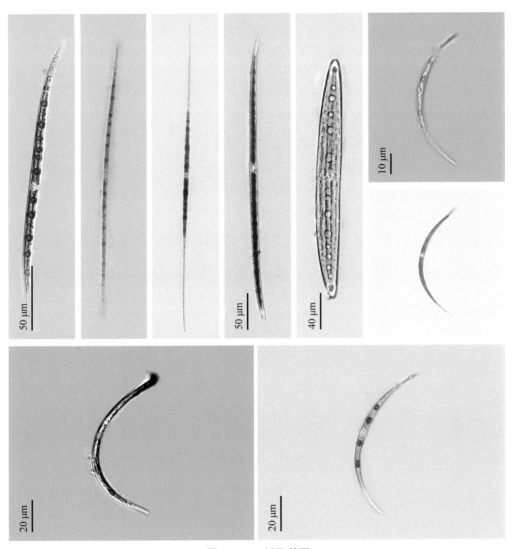

图 2-100　新月藻属

角星鼓藻属（图 2-101）
Staurastrum

单细胞，多数种类辐射对称，少数种类两侧对称及侧扁，多数缢缝深凹，从内向外张开呈锐角、直角或钝角，有的为狭线形；半细胞正面观半圆形、近圆形、椭圆形、圆柱形、近三角形、倒三角形、四角形、梯形、碗形、杯形、楔形等，许多种类半细胞顶角或侧角向水平方向、略向上或向下延长形成长度不等的突起，缘边一般波形，具数齿轮；垂直面观多数三角形到五角形，少数圆形、椭圆形、六角形或多到十二角形；细胞壁平滑，具点纹、圆孔纹、颗粒及各种类型的刺和瘤；每个半细胞具1个轴生的色素体，中央具1个蛋白核，少数种类半细胞的色素体周生，具数个蛋白核。

检出：青草沙水源地、陈行水源地。

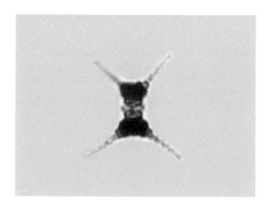

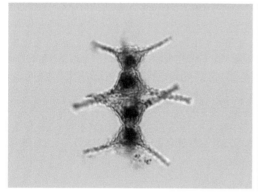

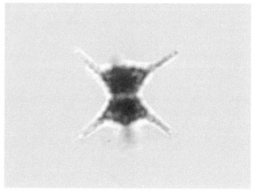

图 2-101   角星鼓藻属

叉星鼓藻属（图 2-102）

Staurodesmus

单细胞，一般长略大于宽，多数种类辐射对称，少数种类两侧对称及细胞侧扁，多数种类缢缝深凹，从内向外张开呈锐角、直角、钝角，有的种类缢部伸长呈短圆柱形；半细胞正面观半圆形、近圆形、椭圆形、圆柱形等，半细胞顶角或侧角尖圆、广圆、圆形，并向、略向上或略向下形成乳突、刺或小尖头，有的角细胞壁增厚；垂直面观多数三角形到五角形；细胞壁平滑或具穿孔纹，半细胞一般具1个轴生的色素体，具1个到数个蛋白核，少数种类色素体周生，具数个蛋白核。多生长于贫营养、偏酸性的水体中。

浮游。

检出：青草沙水源地。

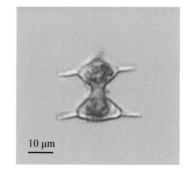

图 2-102   叉星鼓藻属

凹顶鼓藻属（图 2-103）
Euastrum

单细胞，大小变化大，多数中等大小或小，长为宽的 1.5～2 倍，长方形、方形、椭圆形、卵圆形等，扁平，缢缝常深凹入，呈狭线形，少数向外张开；半细胞常呈截顶的角锥形、狭卵形，顶部中间浅凹入、"V" 形凹陷或垂直向深凹陷，很少种类顶部平直，半细胞近基部的中央通常膨大，平滑或由颗粒或瘤组成的隆起，大多数色素体轴生，常具 1 个蛋白核。

检出：青草沙水源地。

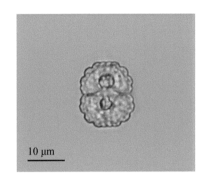

10 µm

图 2-103　凹顶鼓藻属

微星鼓藻属（图 2-104）
Micrasterias

植物体单细胞，多数大型，细胞圆形或广椭圆形，明显侧扁，缢缝深凹，狭线形，少数向外张开；半细胞正面观近半圆形、宽卵形，半细胞通常分成 3 叶，1 个顶叶和 2 个侧叶，有的种类侧叶中央凹入再分成 2 小叶，小叶可再分，少数种类顶角延长形成突起，有的种类顶叶和侧叶具刺、齿，半细胞顶部中间浅凹入、"V" 形凹陷或凹陷，半细胞缢部上端有或无由颗粒、齿或瘤组成的拱形隆起；半细胞侧面观常为长卵形，侧缘近基部常膨大；细胞壁平滑，具点纹、齿或刺，不规则或放射状排列；绝大多数种类具 1 个周生的、与细胞形态相似的色素体，具许多散生的蛋白核。

检出：青草沙水源地、金泽水源地。

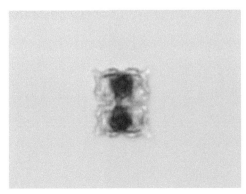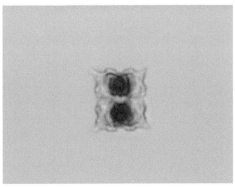

图 2-104　微星鼓藻属

3

硅藻门

Bacillariophyta

水源地风景摄影：陈志强

植物体单细胞，或由细胞彼此连成链状、带状、丛状、放射状的群体，浮游或着生，着生种类常具胶质柄或包被在胶质团或胶质管中。细胞壁除含果胶质外，含有大量的复杂硅质结构，形成坚硬的壳体。壳体由上壳和下壳组成，上下两壳都各由盖板和缘板两部分组成，以壳环套合形成 1 个硅藻细胞，垂直面为壳面观，水平面为带面观；上下壳的壳环带互相套合部分为"接合带"，接合带两侧鳞片状、带状或领状结构为"间生带"，间生带向细胞内部延伸呈舌状"隔片"，壳面生出的突起为"小棘"。

细胞带面多为长方形，有的呈鼓形、圆柱形；壳面呈圆形、三角形、多角形、椭圆形、卵形、线形、披针形、菱形、舟形、新月形、弓形、"S"形、棒形、提琴形等，辐射对称或两侧对称；壳面常见由细胞壁上的许多小孔紧密或较稀疏排列而成的线纹，壳面壁两侧有狭长横列的小室，形成"U"形的粗花纹，称"肋纹"，在壳的边缘有纵走的凸起，称"龙骨"。

壳面中部或偏于一侧具 1 条纵向的无纹平滑区，称"中轴区"；中轴区中部，横线纹较短，形成面积较大的"中央区"；中央区中部，壳内壁增厚形成"中央节"；中央节两侧，沿中轴区中部有 1 条纵向的裂缝，称"壳缝"；壳缝两端的壳内壁各有 1 个增厚部分，称"极节"；有的种类无壳缝，仅有较狭窄的中轴区，称"假壳缝"；有的种类的壳缝是 1 条纵走的或围绕壳缘的管沟，以极狭的裂缝与外界相通，管沟的内壁数量不等的小孔与细胞内部相连，称"管壳缝"；壳缝与运动有关。

硅藻细胞色素体为小圆盘状、片状、星状，1 个、2 个或多个，色素体中主要含有叶绿素 a 和叶绿素 c、β-胡萝卜素以及 α-胡萝卜素、墨角藻黄素、硅甲黄素和硅藻黄素，呈黄绿色或黄褐色，有些种类具无淀粉鞘的裸露的蛋白核，光合作用产物主要是金藻昆布糖和脂肪。

硅藻类不但种类繁多，而且分布极广，生长在淡水、半咸水、海水中，或在潮湿的土壤、岩石、树皮的表面，或高等水生植物丛中及苔藓中，一年四季都能生长繁殖。在夏季、秋季等高温季节，有的硅藻在湖泊、海洋中大量繁殖，形成水华和赤潮。

本书收录上海市饮用水水源地常见硅藻门种类 2 纲 8 目 14 科 44 属。

中心纲
Centricae

圆筛藻目
Coscinodiscales

圆筛藻科
Coscinodiscaceae

小环藻属（图 3-1）
Cyclotella

　　细胞单生或连接成疏松的链状群
体。壳体鼓形，壳面圆盘形，常呈同心
圆波曲状或切向波曲状。纹饰边缘区和
中央区明显不同，边缘区具辐射状线纹
或肋纹，中央区平滑或者具有点纹和斑
纹。色素体多数，小盘状，贴近壳面。

　　检出：青草沙水源地、陈行水源
地、金泽水源地。

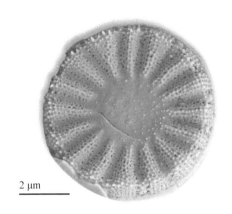

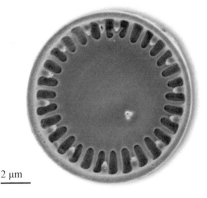

图 3-1　小环藻属

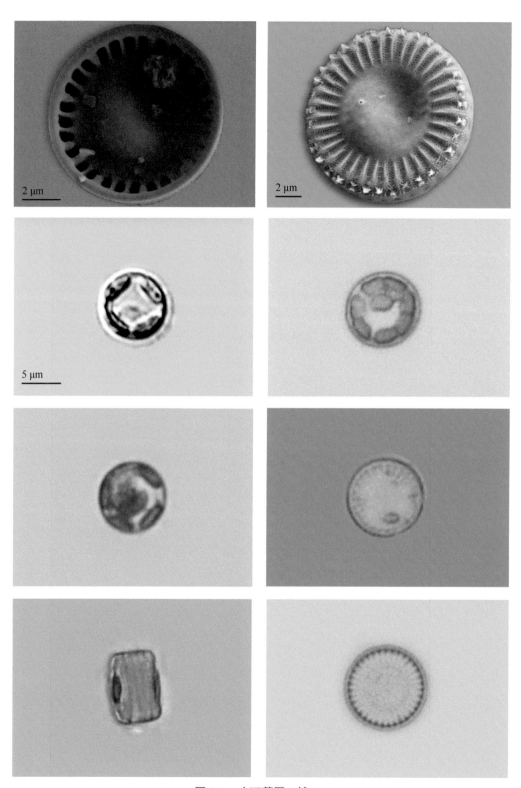

图 3-1　小环藻属（续）

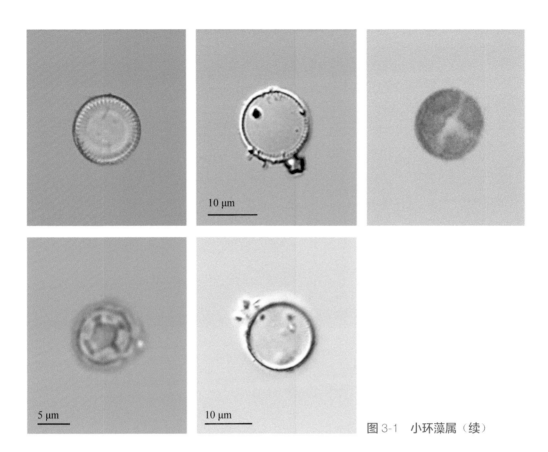

图 3-1　小环藻属（续）

沟链藻属（图 3-2）
Aulacoseria

　　细胞通过壳针相互连接，呈长链状，紧密连接，具散生网孔。壳套的边缘和网孔相连接的部位有硅质加厚。壳套上的网孔排列简单，通常呈矩形或圆形。硅质加厚区内侧具 1 个小的开放的唇形突。上下壳面部具有舌状瓣和细密的网孔。

　　检出：青草沙水源地、陈行水源地、金泽水源地。

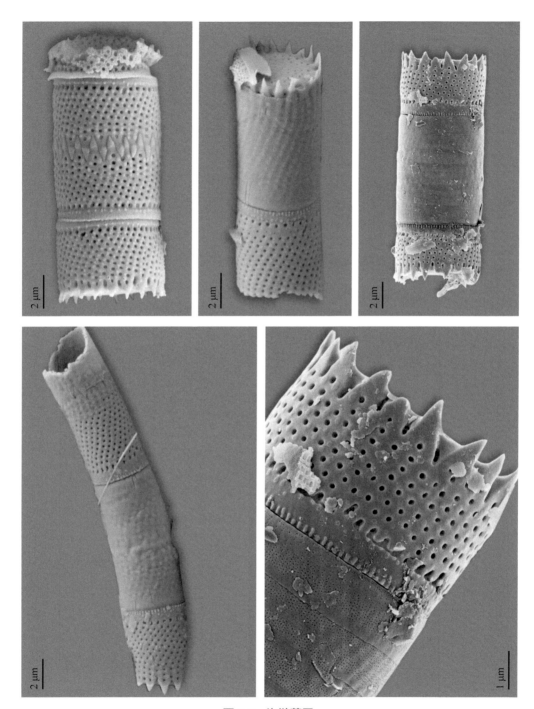

图 3-2　沟链藻属

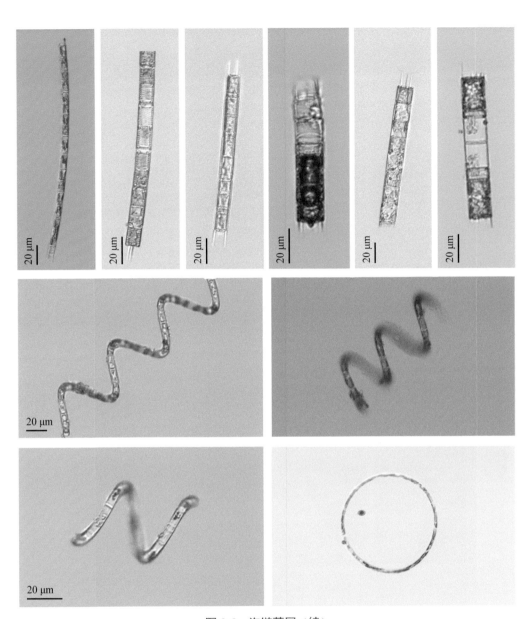

图 3-2　沟链藻属（续）

直链藻属（图 3-3）
Melosira

　　细胞球形或短圆柱形，壳面相连接成直或弯曲的链状群体。壳面略突出，呈扁平形或半球形。壳面上具有放射状排列的孔纹或细点纹。壳环具有较粗的孔纹或点纹或无纹。

　　检出：青草沙水源地、陈行水源地、金泽水源地。

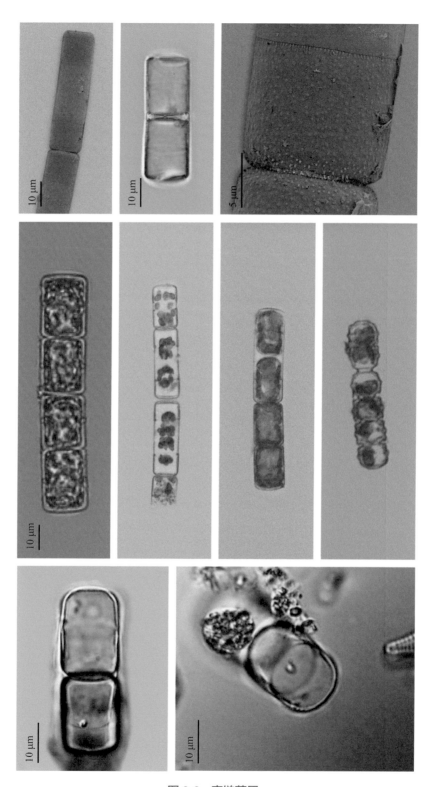

图 3-3　直链藻属

冠盘藻属（图3-4）
Stephanodiscus

　　细胞单生或连接成链状群体；壳体圆盘形，少数为鼓形或柱形；带面平滑具少数间生带；壳面圆形，平坦或同心波曲；壳面纹饰为成束辐射排列的网孔；内壳面覆有筛膜，每束网孔在壳面边缘处为2～5列，向壳面中部成为单列，在壳面中央排列不规则或形成玫瑰纹区，网孔束之间有辐射无纹区，每条辐射无纹区或相隔数条在壳套处的末端具一短刺。色素体小盘状，数个，或较大而呈不规则的形状，仅1～2个。

　　检出：青草沙水源地、陈行水源地、金泽水源地。

图 3-4　冠盘藻属

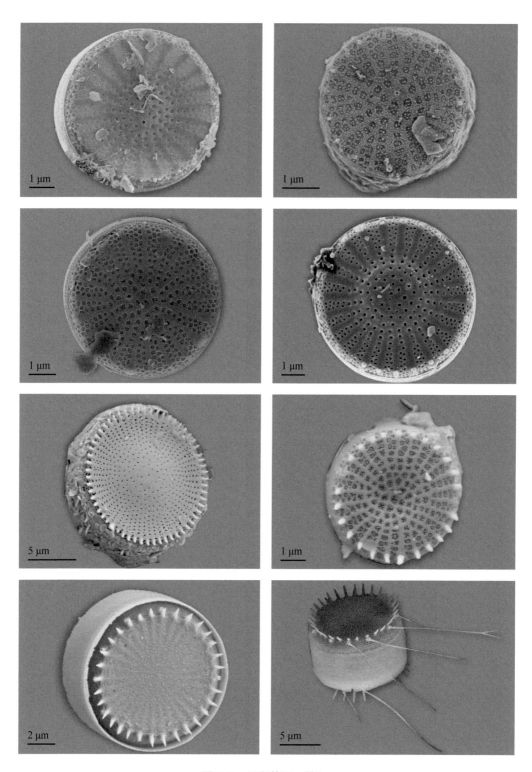

图 3-4　冠盘藻属（续）

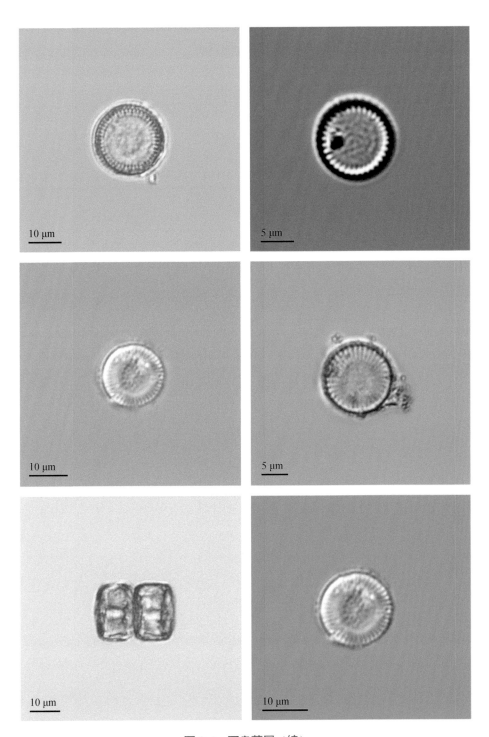

图 3-4　冠盘藻属（续）

圆筛藻属（图3-5）
Coscinodiscus

　　单细胞；壳体圆盘形或短圆柱形，常具环形或领形的间生带，贯壳轴短；壳面圆形，绝少为椭圆形或不规则形，平坦或突起呈表玻璃状或于中央略凹入或同心波曲；壳面纹饰为呈辐射状排列的粗网孔纹；粗网孔在壳面呈辐射状排列或螺旋列或弯曲的切线列，中央有中央玫瑰纹区或中央无纹区；色素体小盘状或小片状，多数。浮游。主要是海洋种类，淡水种类很少。

　　检出：青草沙水源地、陈行水源地。

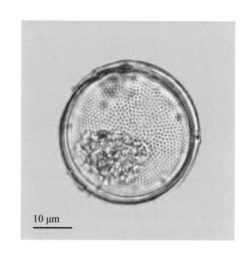

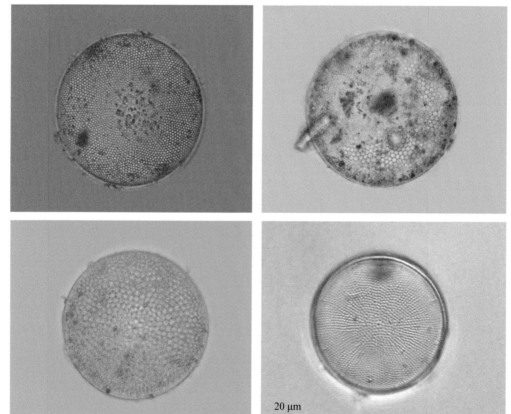

图 3-5　圆筛藻属

海链藻属（图3-6）
Thalassiosira

　　壳体由胶质丝连成串或包被于原生质分泌的胶质块中而成不定形群体，极少单生。壳体鼓形至圆柱形，带面常见领状的间生带。壳面圆形，其上下网孔呈辐射状或有时分组排列，或为直或弯的切线列。色素体小盘状，多数。

　　检出：青草沙水源地。

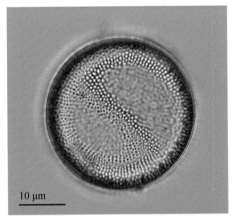

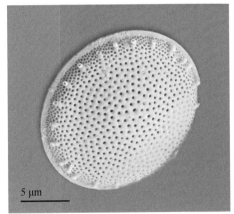
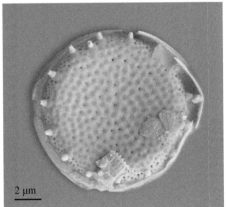

图 3-6　海链藻属

骨条藻属
Skeletonema

　　细胞圆盘状或圆柱形，由相邻细胞对应的长棘末端相接成长链。壳面平坦或凸起，具细网孔，壳缘具一轮平行于贯壳轴的硅质长棘；壳套面具紧密的细网孔，贯壳轴方向排列。色素体小盘状或大形片状。细胞核位于细胞中央。

　　检出：青草沙水源地、陈行水源地、金泽水源地。

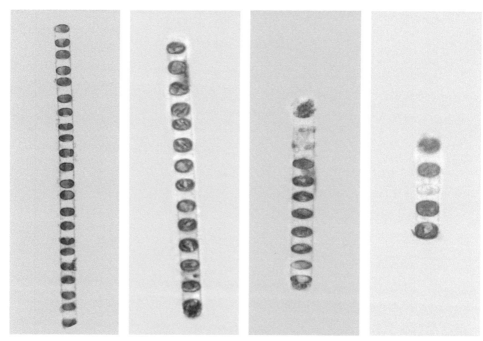

图 3-7　中肋骨条藻（*S. costatum*）

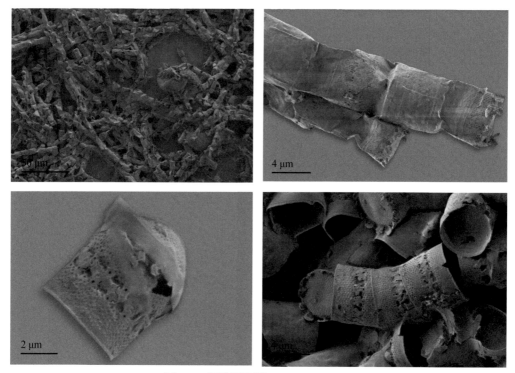

图 3-8　近盐骨条藻（*S. subsalsum*）

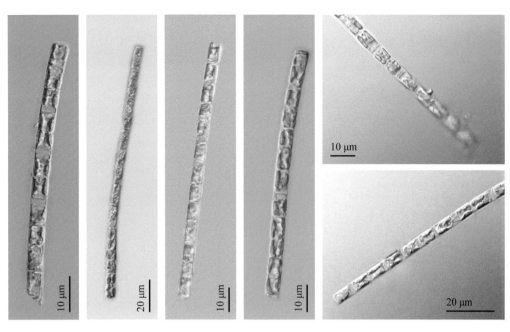

图 3-8　近盐骨条藻（*S. subsalsum*）（续）

环冠藻属（图 3-9）
Cyclostephanos

　　细胞单生，壳体短圆柱形；壳面圆形，同心波曲，具辐射网孔束，每束网孔在壳缘处为 3～4 列，向壳面中央成为单列；网孔束之间为肋纹，肋纹一直延伸到壳套，但未达壳套边缘；电镜观察可见壳套上刺轮下方有 1 轮支持突和 1 个唇形突。

　　主要为湖泊浮游。

　　检出：青草沙水源地、陈行水源地、金泽水源地。

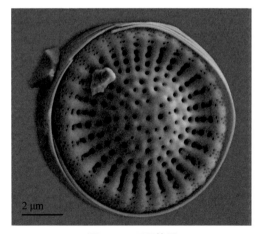

图 3-9　环冠藻属

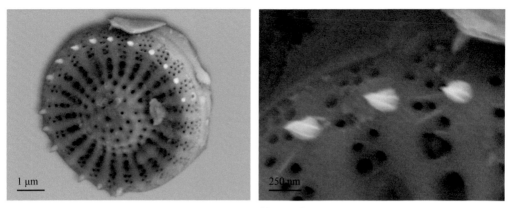

图 3-9　环冠藻属（续）

碟星藻属（图 3-10）
Discostella

　　壳面圆盘形，从纹饰结构上分中央区和边缘区。中央区常呈星形，边缘具辐射状线纹或肋纹，边缘有 1 轮支持突。

　　检出：青草沙水源地、陈行水源地、金泽水源地。

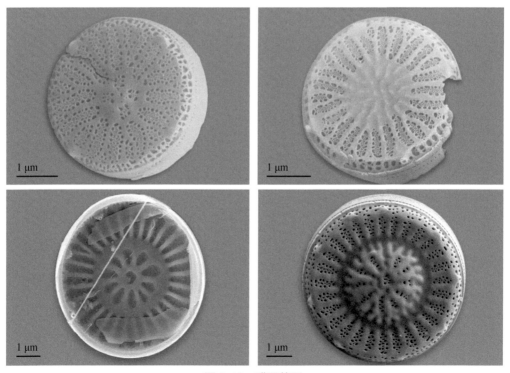

图 3-10　碟星藻属

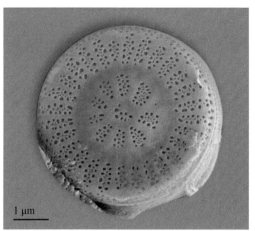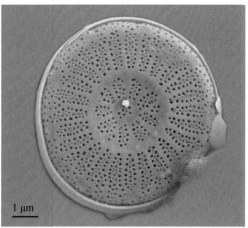

图 3-10　碟星藻属（续）

琳达藻属（图 3-11）
Lindavia

　　壳体鼓形，壳面圆形，平坦或凹凸。边缘区和中央区纹饰明显不同，边缘区肋纹辐射状排列，密集、稀疏分叉或小而稀疏，只存在于壳缝。中央区纹饰多列多样。壳面具 1 个至多个唇形突，壳缘的支持突上有 2～3 个卫星孔。

　　检出：青草沙水源地、陈行水源地、金泽水源地。

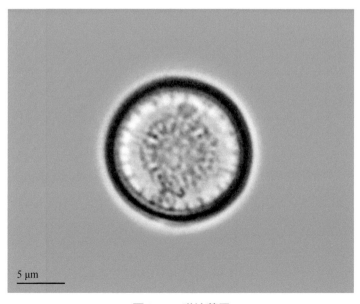

图 3-11　琳达藻属

中心纲　　　　　　　圆筛藻目　　　　　　　半盘藻科
Centricae　　　　　Coscinodiscales　　　　Hemidiscaceae

辐环藻属
Actinocyclus

　　细胞单生，壳面平，壳套面窄，壳环较宽；壳面花纹为点纹或为圆形或六角形的粗网纹，辐射状排列，中央较稀疏；壳缘结构细致，具交叉状的细点纹列，并具小突起。色素体小片状或粒状，周生。

　　检出：青草沙水源地、陈行水源地、金泽水源地。

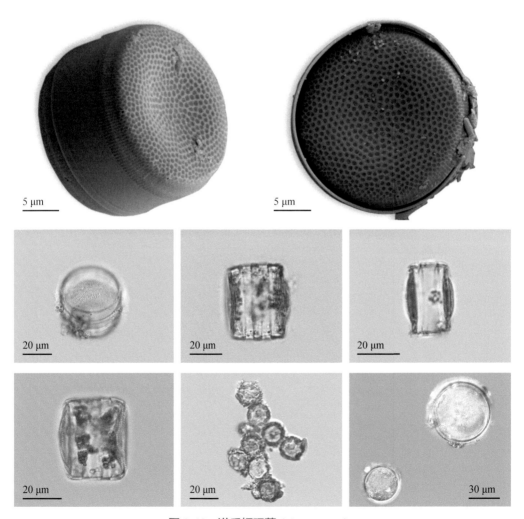

图 3-12　诺氏辐环藻（*A. normanii*）

中心纲	根管藻目	根管藻科
Centricae	Rhizosoleniales	Rhizosoleniaceae

尾管藻属（图 3-13）
Urosolenia

　　单细胞或由几个细胞连成直的、弯的或螺旋状的链状群体；细胞长棒形、长圆柱形，直的、略弯，细胞壁很薄，具规律排列的细点纹；带面常具多数呈鳞片状、环状、领状的间生带；壳面圆形或椭圆形，具帽状或圆锥形凸起，凸起末端延长成或长或短的、刚硬的棘刺；色素体小颗粒状或小圆盘状，多数，少数种类为较大的盘状或片状。

　　浮游。

　　检出：青草沙水源地、陈行水源地。

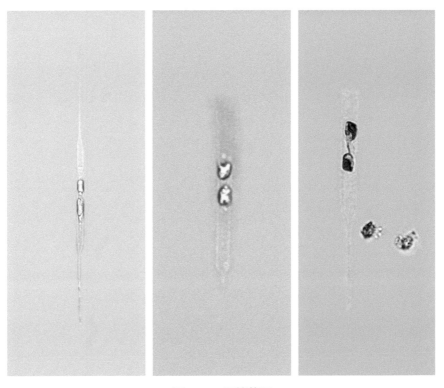

图 3-13　尾管藻属

中心纲
Centricae

盒形藻目
Biddulphiales

盒形藻科
Biddulphiaceae

四棘藻属（图 3-14）
Attheya

单细胞或 2～3 个细胞互相连成暂时性的链状群体；细胞扁圆柱形，细胞壁极薄，平滑或具通常难以分辨的细点纹；带面长方形，具许多半环状间生带，末端楔形，无隔片；壳面扁椭圆形，中部凹入或凸出，由每个角状凸起延长成 1 条粗而长的刺；色素体小盘状，多数。生长在池塘、湖泊、河流中，多为富营养水体。

浮游。

检出：青草沙水源地、陈行水源地。

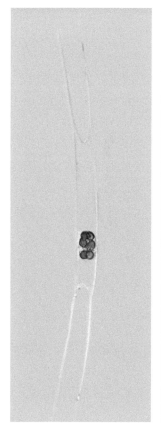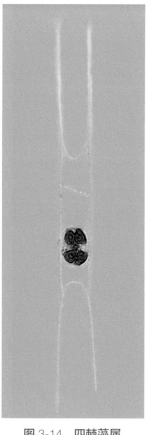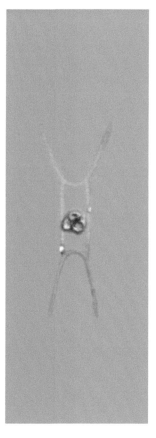

图 3-14　四棘藻属

羽纹纲
Pennatae

无壳缝目
Araphidinales

脆杆藻科
Fragilariaceae

脆杆藻属（图3-15）
Fragilaria

细胞通常以壳面连接成带状群体。壳面长披针形到针形，两侧对称，中部略有膨大，两侧逐渐变窄；两端呈钝圆状或小头状，壳面具有假壳缝，狭线形或宽披针形，两侧具横点状线纹。带面长方形，无间生带和隔膜，色素体小盘状、多数，或片状、1～4个，具1个蛋白核。

检出：青草沙水源地、陈行水源地、金泽水源地。

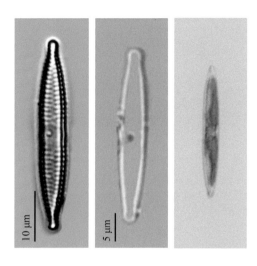

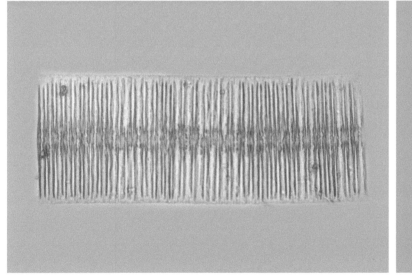

图 3-15 脆杆藻属

肘形藻属（图 3-16）
Ulnaria

　　细胞单生，或丛生呈扇形或以每个细胞一端相连成放射状群体。壳面线形或线形披针形，从中部向两端逐渐变窄，末端圆形、头状或喙状，带面观矩形，末端截形；无边缘刺，假壳缝狭窄、线形，两侧具横线纹或点纹。

　　检出：青草沙水源地、陈行水源地、金泽水源地。

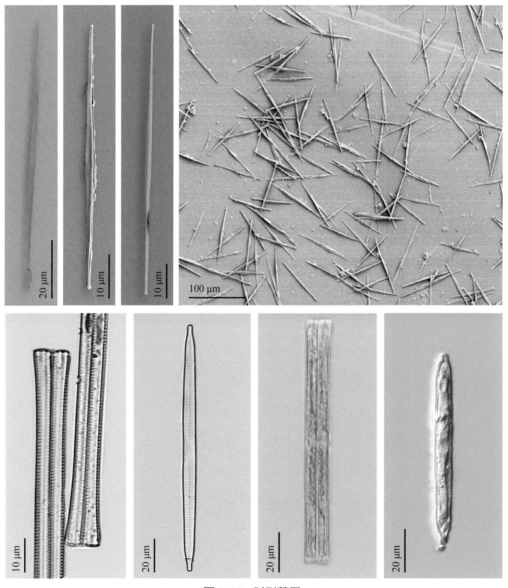

图 3-16　肘形藻属

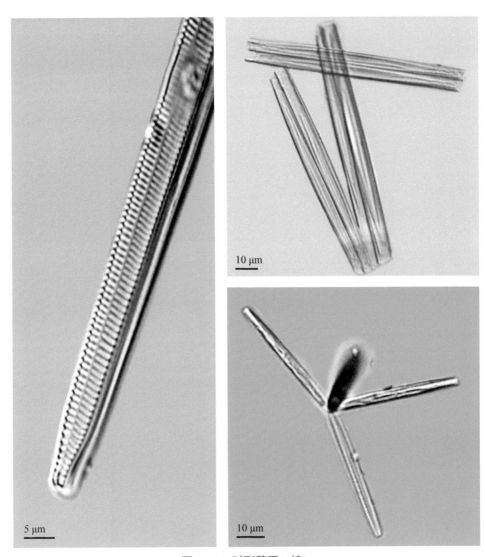

图 3-16　肘形藻属（续）

星杆藻属（图 3-17）
Asterionella

　　壳体长形，常形成星状群体，壳体在壳面或壳环面观都有大小不等的末端。没有出现隔片和间生带。壳面观一端比另一端大，头状。壳面长轴是对称的，假壳缝窄，不明显。横线纹清楚。

　　检出：青草沙水源地、陈行水源地、金泽水源地。

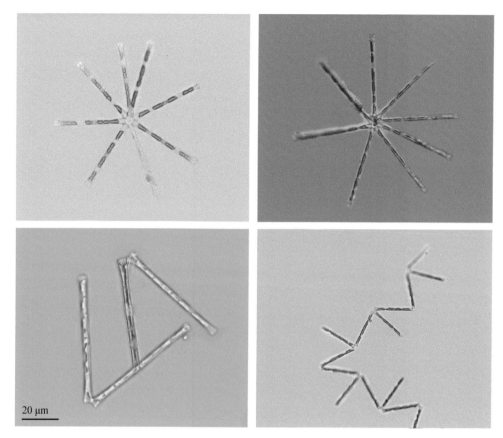

图 3-17　星杆藻属

平片藻属（图 3-18）
Tabularia

　　壳面宽披针形或线舟形，向两端逐渐狭窄，末端喙状或小头状。线纹短，2 个顶孔各有 1 个孔。簇生平片藻（*T. fasciculata*）壳面长 35～37 μm，宽 4～4.5 μm。横线纹较短，中部平行排列，在每 10 μm 内有 12～15 条。

　　检出：青草沙水源地。

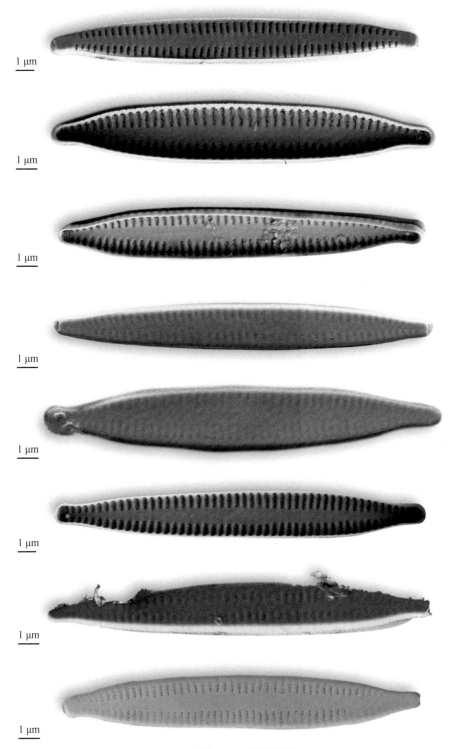

1 μm

1 μm

1 μm

1 μm

1 μm

1 μm

1 μm

1 μm

图 3-18 平片藻属

羽纹纲
Pennatae

单壳缝目
Monoraphidinales

曲壳藻科
Achnanthaceae

曲壳藻属（图3-19）
Achnanthes

细胞单生或形成短带状群体，以胶质柄着生于基质上。壳面线形披针形、线形椭圆形、椭圆形、菱形披针形；一个壳面有壳缝，另一个壳面无壳缝，有壳缝面凹，中央节明显，极节不明显；无壳缝面凸，带面观弯曲，呈膝曲状或弧状，线纹单列或双列。

检出：青草沙水源地。

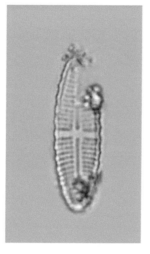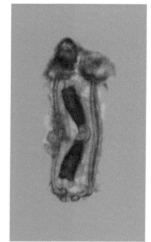

图 3-19   曲壳藻属

曲丝藻属（图3-20）
Achnanthidium

细胞单生或形成链状群体，通常个体较小。壳面狭窄，壳面披针形或披针形椭圆形，末端圆、头状或喙状。一个壳面有壳缝，另一个壳面无壳缝，具壳缝面一端分泌胶质柄附着于基质上；壳缝在外壳面中部膨大，在两端末端直或弯曲向壳面一侧，线纹一般为单列、辐射状排列；无壳缝面中央区小或无，线纹呈略辐射状排列或平行状排列；带面观"V"形。

检出：青草沙水源地。

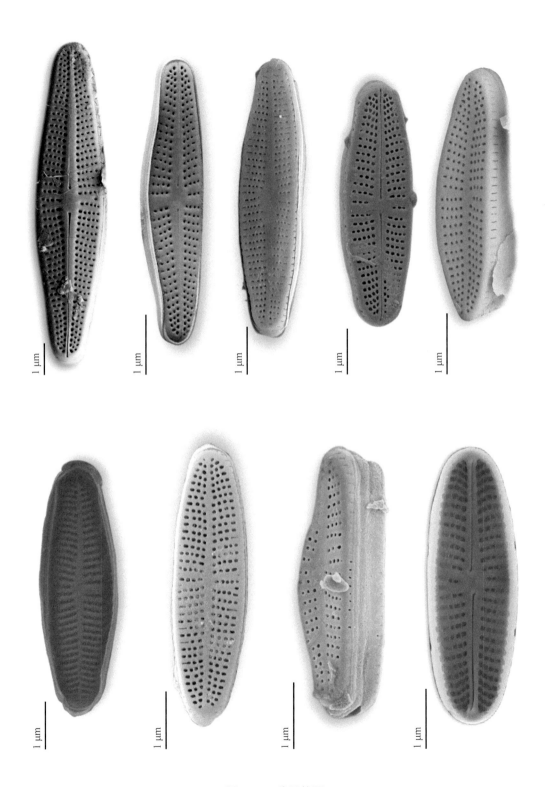

图 3-20 曲丝藻属

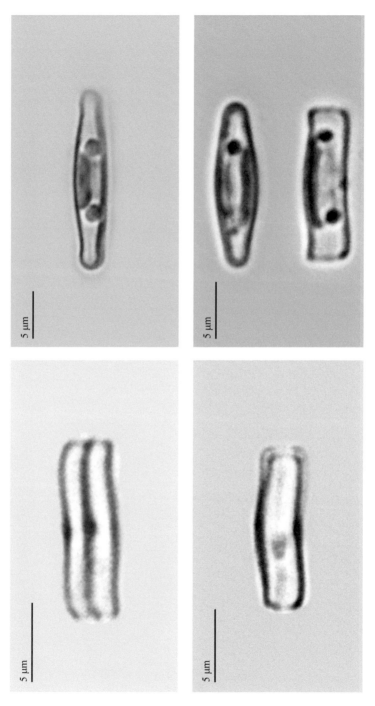

图 3-20　曲丝藻属（续）

Gogorevia[①]（图 3-21）

细胞带面狭窄，呈矩形，略弯曲；壳面披针形到椭圆形，一个壳面具壳缝，另一个壳面无壳缝，具壳缝面凹，无壳缝面凸；具壳缝面具矩形到楔形的中央区，壳缝远缝端末端向相反方向弯曲，线纹辐射状排列；无壳缝面具不对称的中央区，线纹在中部近平行状排列，向末端变成辐射状排列。

检出：青草沙水源地。

图 3-21 *Gogorevia*

平面藻属（图 3-22）
Planothidium

细胞单生。壳面椭圆形、椭圆披针形，末端延长或宽圆。有壳缝面的壳缝中部末端略大，向同一侧方向弯曲，中央区矩形、"蝴蝶结"形；无壳缝面在其中央区一侧具明显的马蹄形的硅质加厚。线纹辐射状排列。

检出：青草沙水源地。

图 3-22 平面藻属

———————————
① 见 Kulikouskiy et al.，2020.

羽纹纲	单壳缝目	卵形藻科
Pennatae	Monoraphidinales	Cocconeidaceae

卵形藻属（图 3-23）
Cocconeis

壳面椭圆形或宽椭圆形，末端圆形或略尖。一个壳面有壳缝，另一个壳面无壳缝。有壳缝面壳缝具中央节和极节，线纹较密集，呈辐射状排列，中央区小。无壳缝面线纹较粗，无中央区。

检出：青草沙水源地、陈行水源地、金泽水源地。

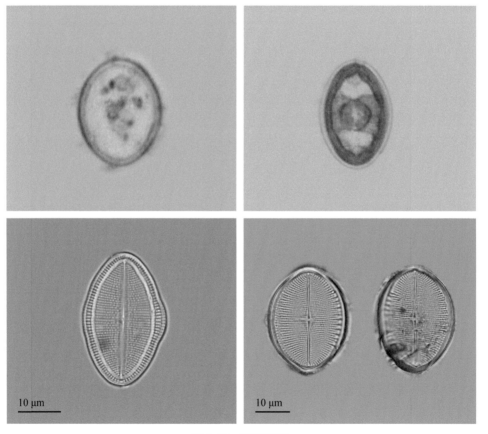

图 3-23　卵形藻属

羽纹纲	双壳缝目	桥弯藻科
Pennatae	Biraphidinales	Cymbellaceae

桥弯藻属（图 3-24）
Cymbella

细胞单生，有时一端分泌胶质柄附着于基质上。壳面上下对称，左右不对称，具有明显的背腹之分；壳缝明显偏斜，多数种类具有中央节和极节，且明显；某些种类在腹侧具有孤点，线纹明显，常呈放射状排列；壳缝末端具有弯向背侧的端隙，具有顶孔区。

浮游。

检出：青草沙水源地、陈行水源地、金泽水源地。

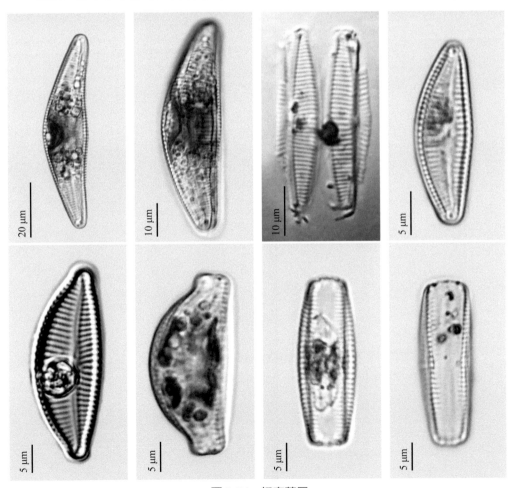

图 3-24 桥弯藻属

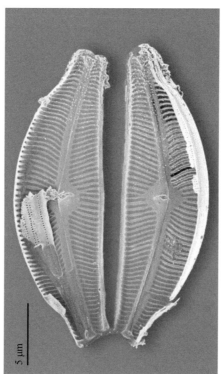

图 3-25　膨胀桥弯藻
（*C. tumida*）

图 3-26　膨大桥弯藻
（*C. turgidula*）

双眉藻属（图 3-27）
Amphora

细胞单生。壳面两侧不对称，明显有背腹之分，新月形、镰刀形，末端钝圆形或两端延长呈头状。中轴区明显偏于腹侧一侧，具中央节和极节；壳缝略弯曲，其两侧具横线纹。带面椭圆，末端截形，外侧呈弧形。

检出：青草沙水源地、陈行水源地、金泽水源地。

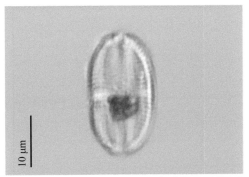

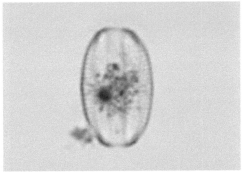

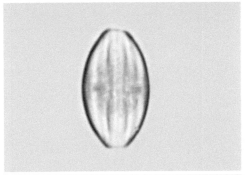

图 3-27　双眉藻属

内丝藻属（图 3-28）
Encyonema

　　壳面半椭圆形、弓形，具明显的背腹之分，纵轴不对称。腹侧边缘较直，背侧明显凸出。两端尖、钝圆或呈喙状。壳缝直，一般同腹侧边缘相平行。线纹几乎平行排列。

　　检出：青草沙水源地。

拟内丝藻属（图 3-29）
Encyonopsis

　　壳面有轻微的背腹之分，沿横轴对称，纵轴不对称。两端尖或喙状，中央轴区较窄，壳缝末端弯向腹侧。

　　检出：青草沙水源地。

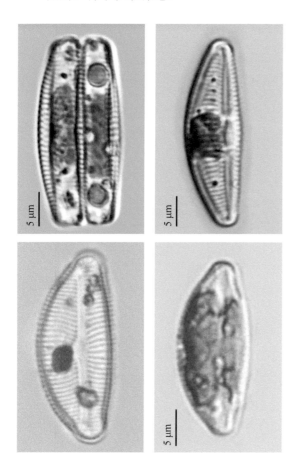

图 3-28　内丝藻属

图 3-29　拟内丝藻属

羽纹纲	双壳缝目	舟形藻科
Pennatae	Biraphidinales	Naviculaceae

舟形藻属（图 3-30）
Navicula

　　壳面线形、披针形、菱形或椭圆形，两侧对称，末端钝圆、近头状或喙状；中轴区狭窄，呈线形或披针形，壳缝线形，具中央节和极节，中央节圆形或椭圆形，有的种类极节扁圆形；壳缝两侧具由点纹组成的横线纹或布纹、肋纹、窝孔纹，一般壳面中间部分的线纹数比两端的线纹数略稀。

　　检出：青草沙水源地、陈行水源地、金泽水源地。

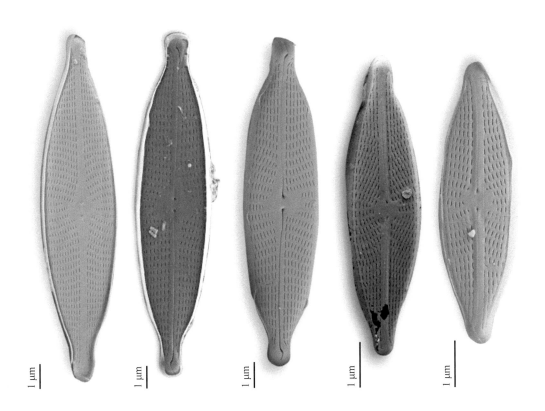

图 3-30　舟形藻属

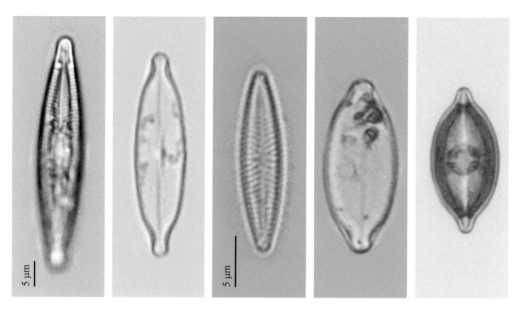

图 3-30 舟形藻属（续）

辐节藻属（图 3-31）
Stauroneis

细胞单生，少数连成带状群体。壳面长椭圆形、狭披针形或舟形，末端头状、钝圆形或喙形；中轴区狭，壳缝直，极节很细，中央区增厚，增厚的中央区无花纹，并延伸到壳面两侧，称为"辐节"；壳面具有横线纹。

检出：青草沙水源地、陈行水源地、金泽水源地。

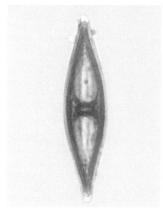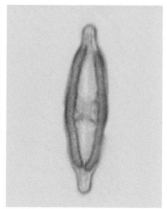

图 3-31 辐节藻属

双壁藻属（图 3-32）
Diploneis

细胞单生。壳面椭圆形、卵圆形到线形，末端钝圆。壳缝呈直线形，中央节侧缘形成硅质的角状凸起，壳缝位于其中，凸起外侧具有纵沟；纵沟外侧具点状的横线纹，或者具有横肋纹。带面长方形，无间生带和隔片。色素体片状，2 个，每个具 1 个蛋白核。

检出：青草沙水源地、陈行水源地、金泽水源地。

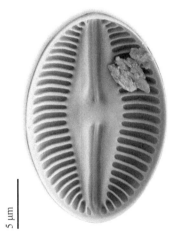  

图 3-32　双壁藻属

鞍型藻属（图 3-33）
Sellaphora

壳面线形、椭圆形或披针形，末端钝圆形。常具 "T" 形的硅质加厚，壳缝两侧具纵向的无纹区，线纹单列。

检出：青草沙水源地、陈行水源地。

胸膈藻属（图 3-34）
Mastogloia

细胞单生。壳体通常呈舟形，壳环面呈长方形。壳面披针形、椭圆形、菱形、线形或棍形，末端呈钝圆形、楔形、尖或延长的头状或喙状。轴区窄，中央节圆形，中央区扩大呈半月形或形成"H"形的侧区。壳面直或为明显的波浪状，壳面两侧的横线纹由点纹组成，点纹粗或细，点纹呈轻微的辐射或平行排列，点纹间有时有横线纹或空隙。

　　检出：青草沙水源地。

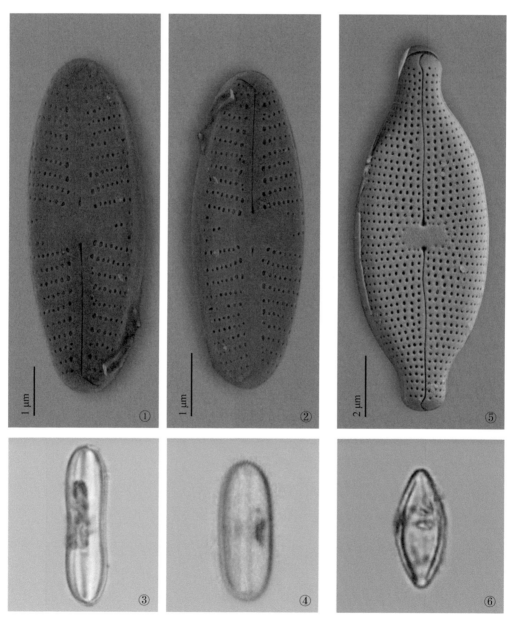

图 3-33　鞍型藻属（①～④）　　　图 3-34　胸膈藻属（⑤～⑥）

布纹藻属（图 3-35）
Gyrosigma

　　壳面"S"形，壳缝较窄，呈"S"形。末端喙状、钝圆或刀形。线纹由点纹组成，排列紧密，几乎平行排列。

　　检出：青草沙水源地、陈行水源地、金泽水源地。

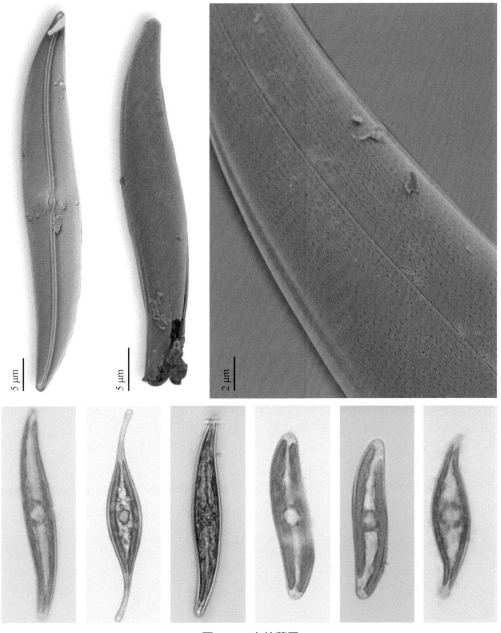

图 3-35　布纹藻属

全链藻属（图 3-36）
Diadesmis

　　细胞小型，常小于 20μm，多少呈棒
形，有时单生，但常常形成带状群体或链
状。链状群体中的细胞以壳面连接。壳面
线性至线披针形，末端短粗的圆形或尖圆
形。壳面平坦，壳套相当浅，壳面和壳套
的结合多样，有的由 1 条硅质脊结合，有
的由 1 列短刺连接或以有突出部连接。壳
面横线纹单列，由圆形或延长的疑孔组
成，平行或辐射排列。

　　种类不多，淡水生。

　　检出：青草沙水源地。

图 3-36　全链藻属

格形藻属（图 3-37）
Craticula

　　细胞单个，舟状，常以壳面观。壳面
舟形、披针形，末端窄，喙状或头状。轴
区窄线性，中心区微扩大。壳缝直线形，
近缝端直或轻微弯斜，中央扩大形成孔状
或钩状抑或向着壳面边缘旋转，远缝端钩
状，末端接近壳缘。壳面横线纹或多或少
呈紧密的平行排列，由单一列和小圆形或
椭圆形的疑孔组成，硅质纵肋纹与横条纹
相互交叉形成厚粗的格纹。环带由开口带
组成，环带上有多疑孔的横列。

　　检出：青草沙水源地、陈行水源地、
金泽水源地。

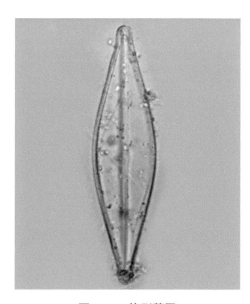

图 3-37　格形藻属

羽纹纲　　　　　双壳缝目　　　　　异极藻科
Pennatae　　　　　Biraphidinales　　　　Gomphonemaceae

异楔藻属（图 3-38）
Gomphoneis

　　壳面或多或少呈棒形，上下明显不对称。中轴区较窄，线性，但向中央区略加宽。中央区或多或少呈圆形，具有一至多个孤点。壳面的两侧区具"纵线"，有的无"纵线"，但两端具隔膜。线纹由双排点纹组成。

　　检出：青草沙水源地、陈行水源地、金泽水源地。

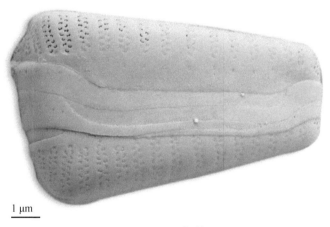

1 µm

图 3-38　异楔藻属

异极藻属（图 3-39）
Gomphonema

　　细胞单生。壳面略呈棒形，上下两端不对称，上部相对短且宽，下部相对长且狭。壳缝在中轴区充分地伸展且与壳面几乎等长；中央区和中央节明显，常呈横矩形或圆形。线纹绝大多数由单列的点孔纹组成，呈放射状或平行排列。带面观呈楔形，末端截形。

　　检出：青草沙水源地、陈行水源地、金泽水源地。

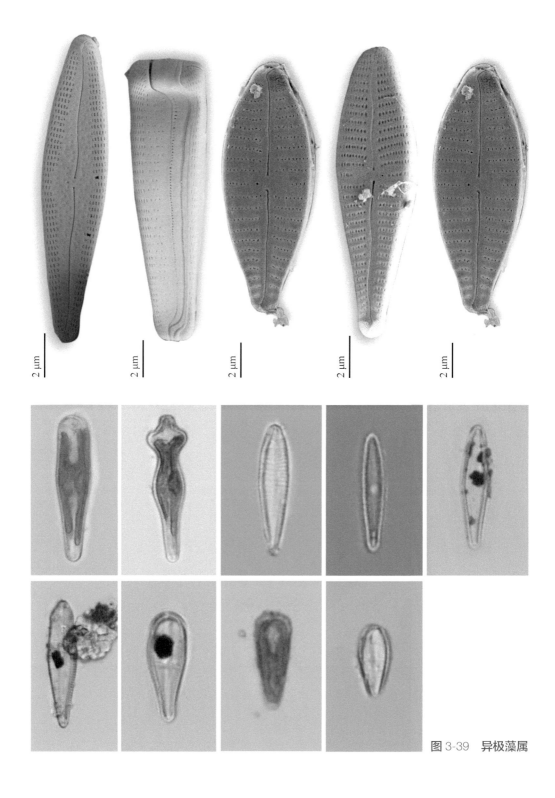

图 3-39　异极藻属

羽纹纲 Pennatae	短壳缝目 Eunotiales	短缝藻科 Eunotiaceae

短缝藻属（图 3-40 ）
Eunotia

　　细胞单生或多个细胞互相连接成带状群体。壳面呈现月形或弓形，背部突出，腹侧平直或凹入，两侧对称，每端具有明显的极节。上下壳面两端都有短的壳缝，壳缝从极节斜向腹侧边缘，不具有中央节，横线纹由点纹紧密排列而成。带面观长方形或线形。

　　检出：青草沙水源地、陈行水源地、金泽水源地。

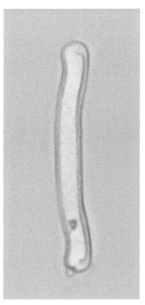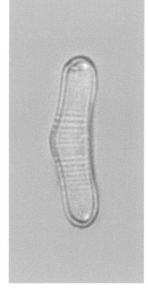

图 3-40　短缝藻属

羽纹纲　　　　　　　　管壳缝目　　　　　　　　窗纹藻科
Pennatae　　　　　　**Aulonoraphidinales**　　　　**Epithemiaceae**

窗纹藻属（图 3-41）
Epithemia

　　单细胞，浮游或附着；壳面略弯曲，弓形、新月形，左右两侧不对称，有背侧和腹侧之分；背侧凸出，腹侧凹入或近于平直；末端钝圆或近头状，腹侧中部具有 1 条"V"形的管壳缝，管壳缝内壁具多个圆形小孔通入细胞内；具中央节和极节；壳面内壁具横向平行的隔膜，构成壳面的横肋纹，2 条横肋纹之间具 2 列或 2 列以上与肋纹平行的横点纹或窝孔状的窝孔纹；带面长方形；色素体侧生、片状，1 个。

　　检出：青草沙水源地、陈行水源地。

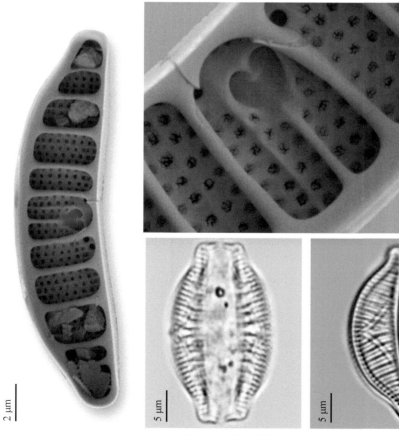

图 3-41　窗纹藻属

羽纹纲	管壳缝目	菱形藻科
Pennatae	Aulonoraphidinales	Nitzschiaceae

菱形藻属（图3-42）
Nitzschia

细胞单生或连接成链状或星状群体，或生活在胶质管中。壳面直或"S"形，窄，呈线形、披针形或椭圆形，有时中部膨大；线纹单列，连续；壳缝系统位置变化较大，从中轴至近壳缘，具形状多样的龙骨突；壳缝关于壳面呈镜面对称或对角线对称，中缝端有或无；带面由数量不等的断开环带组成。淡水和海水中均可生长；附着或浮游。

检出：青草沙水源地、陈行水源地、金泽水源地。

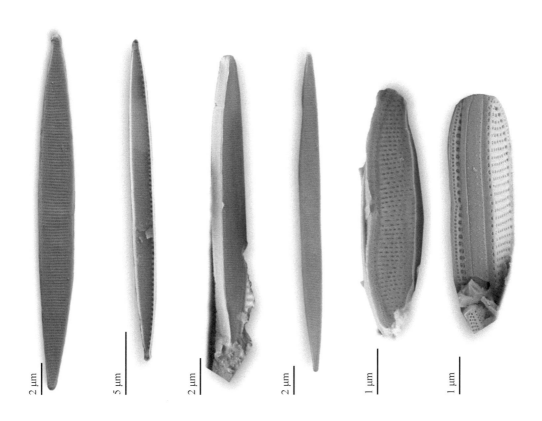

图 3-42　菱形藻属

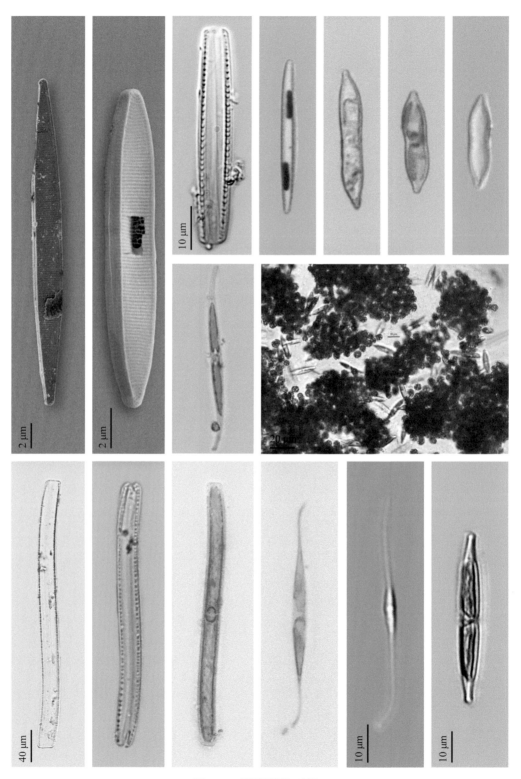

图 3-42　菱形藻属（续）

菱板藻属（图3-43）
Hantzschia

壳面具背腹侧之分，腹侧略凹入、直或略凸出，背侧弧形凸出，末端喙状或小头状。壳缝靠近腹侧，上下壳面的壳缝呈镜面对称。龙骨突大块状或窄肋状，在内壳面包住壳缝。

检出：青草沙水源地、陈行水源地。

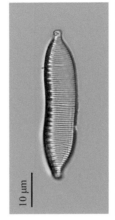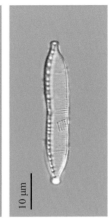

图 3-43　菱板藻属

盘杆藻属（图3-44）
Tryblionella

壳面宽大，椭圆形、线形或提琴形，末端钝圆或尖形。外壳面常具瘤或脊，波状，一侧具龙骨壳缝，另一侧边缘常具脊，与非常浅的壳套相连。线纹单排至多排，壳缝靠近壳面边缘，具龙骨和龙骨突。

检出：青草沙水源地。

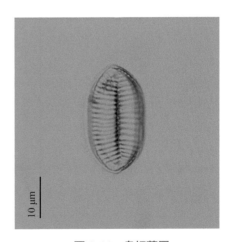

图 3-44　盘杆藻属

杆状藻属（图3-45）
Bacillaria

　　壳面线形到线形披针形，末端喙状或头状。壳表面较平，边缘弯曲嵌入。线纹单列，偶尔双列，由膜封闭的小圆孔组成。壳缝位于中轴或近中轴，龙骨细小，具肋状龙骨突。外壳面极缝端呈孔状、"T"形或具钩形的末端裂缝。

　　检出：青草沙水源地。

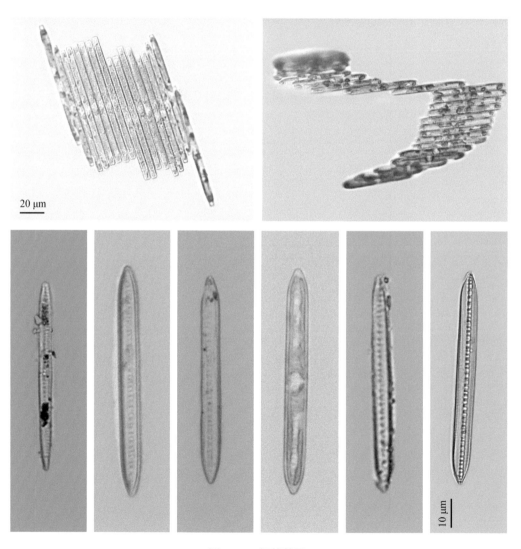

图 3-45　杆状藻属

羽纹纲
Pennatae

管壳缝目
Aulonoraphidinales

双菱藻科
Surirellaceae

波缘藻属（图 3-46）
Cymatopleura

　　植物体为单细胞；细胞壳面披针形、线形、椭圆形，呈横向上下波状起伏或平直或弯曲，上下 2 个壳面的龙骨及翼状构造围绕整个壳缘，龙骨上具管壳缝，管壳缝通过翼沟与细胞内部相联系，翼沟间以膜相联系，构成中间间隙，壳面具横肋纹和横线纹；带面矩形，两侧平行或具明显的波状皱褶；色素体侧生、片状，1 个。

　　检出：青草沙水源地、陈行水源地、金泽水源地。

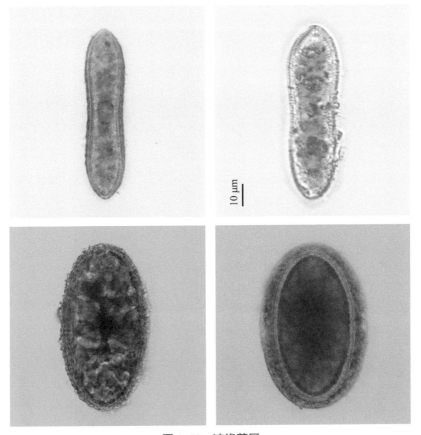

图 3-46　波缘藻属

双菱藻属（图3-47）
Surirella

壳面线形至椭圆形，或倒卵形，有时提琴形。壳面硅质化，表面平坦或呈凹面，有时具波纹，与顶轴平行。表面有时具硅质的瘤，偶尔在壳面中线附近具刺。外壳面肋纹不明显，龙骨突肋状或盘状，在内壳面包住壳缝。

检出：青草沙水源地、陈行水源地。

图 3-47   双菱藻属

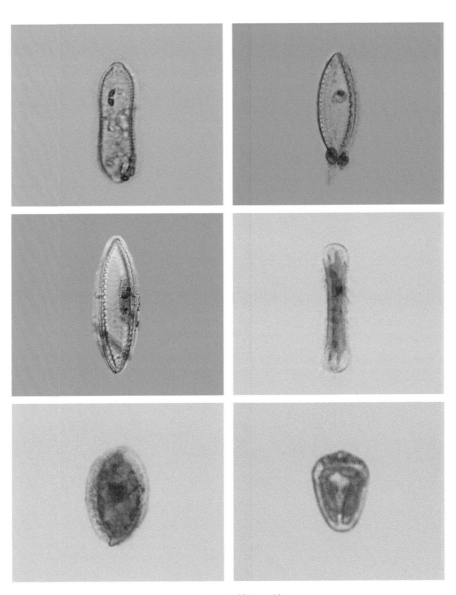

图 3-47　双菱藻属（续）

4

隐藻门

Cryptophyta

隐藻门绝大多数种类为单细胞。多数种类具鞭毛，极少数种类无鞭毛。无细胞壁，细胞表面具周质体。类囊体常 2 条成对排列，类囊体膜上无藻胆体，藻胆素位于类囊体腔内。色素体多为黄绿色或黄褐色，也有蓝绿色、绿色或红色。具蛋白核或无。储藏物质为淀粉和油滴。单核，伸缩泡位于细胞前端。多数种类细胞纵分裂。

本书收录上海市饮用水水源地常见隐藻门种类 1 纲 1 目 1 科 3 属。

隐藻纲	隐藻目	隐藻科
Cryptophyceae	Cryptomonadales	Cryptomonadaceae

逗隐藻属
Komma

具尾逗隐藻（图 4-1）
K. caudate

细胞呈蓝绿色，形似逗号，有 1 个向腹侧弯曲的急尖尾端。细胞体积很小，长 8～12 μm，宽 4～7 μm。背侧有 1 个大型片状叶绿体，其上有 1 个蛋白核。无沟裂，有 2 列大型喷射体。具有 2 根近似等长的鞭毛，其长度略大于细胞长度的一半。Hill 于 1991 年将尖尾蓝隐藻（*Chroomonas acuta*）和具尾蓝隐藻（*Chroomonas caudate*）合为 1 个种，从蓝隐藻属（*Chroomonas*）分离出来，并命名为"具尾逗隐藻"。生于各种静止小水体；广布种。

检出：青草沙水源地、陈行水源地、金泽水源地。

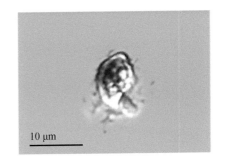

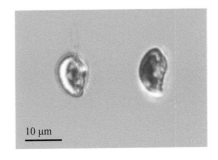

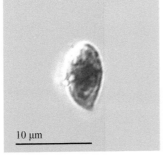

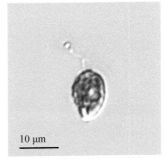

图 4-1　具尾逗隐藻

隐藻属（图 4-2）
Cryptomonas

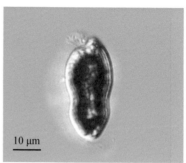

图 4-2　隐藻属

1. 卵形隐藻（图 4-3）
C. ovata

　　细胞椭圆形或长卵形，通常略弯曲。前端明显斜截形，顶端呈角状或宽圆，大多数为斜的凸状；后端为宽圆形。细胞多数略扁平；纵沟、口沟明显。口沟达到细胞的中部，有时近于细胞腹侧，直或甚明显地弯向腹侧。具 2 个色素体，橄榄绿色，有时为黄褐色，罕见黄绿色。鞭毛 2 条，几乎等长，多数略短于细胞长度。细胞大小变化很大，通常长 20～80 μm，宽 6～20 μm，厚 5～18 μm。

　　检出：青草沙水源地、陈行水源地、金泽水源地。

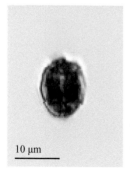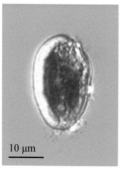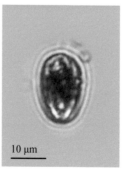

图 4-3　卵形隐藻

2. 啮蚀隐藻（图 4-4）

C. erosa

细胞倒卵形到近卵圆形，前端背角突出、略呈圆锥形，顶部钝圆。纵沟有时很不明显，但常较深。后端大多数渐狭，末端狭钝圆形。背部大多数明显凸起，腹部通常平直，极少略凹入的。细胞有时弯曲，罕见扁平。口沟只达到细胞中部，很少达到后部；口头两侧具刺丝胞。鞭毛与细胞等长。色素体 2 个，绿色、褐绿色、金褐色、淡红色，罕见紫色；储藏物质为淀粉粒，常为多数，盘形，双凹入，卵形或多角形。细胞宽 8～16 μm，长 15～32 μm。

检出：青草沙水源地、陈行水源地、金泽水源地。

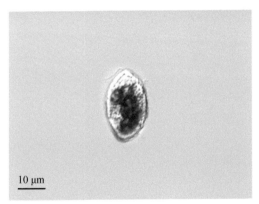
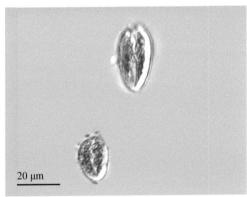

图 4-4　啮蚀隐藻

3. 蛋白核隐藻（图 4-5）
C. pyrenoidifera

细胞黄褐色，呈椭圆形。细胞长 15～20 μm，宽 10～13 μm，厚 8～12 μm。2 个巨大的花环状蛋白核分居左右两侧的叶绿体上。沟裂较短浅。细胞内常可见数量较多的淀粉粒。

检出：青草沙水源地、金泽水源地。

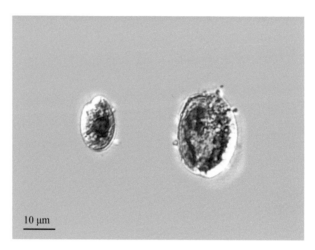

图 4-5　蛋白核隐藻

弯隐藻属
Campylomonas

反弯曲隐藻（图 4-6）
C. reflexa

细胞黄褐色到橄榄绿色，近似扭曲的椭圆形，前端有喙状突起，钝圆的尾端朝背侧略微翘起。细胞长 30～35 μm，宽 15～17 μm，厚 17～19 μm。有 2 个大型片状叶绿体，每片叶绿体上有 1 个蛋白核。有数列大型喷射体排列在胞咽两侧。

检出：青草沙水源地、金泽水源地。

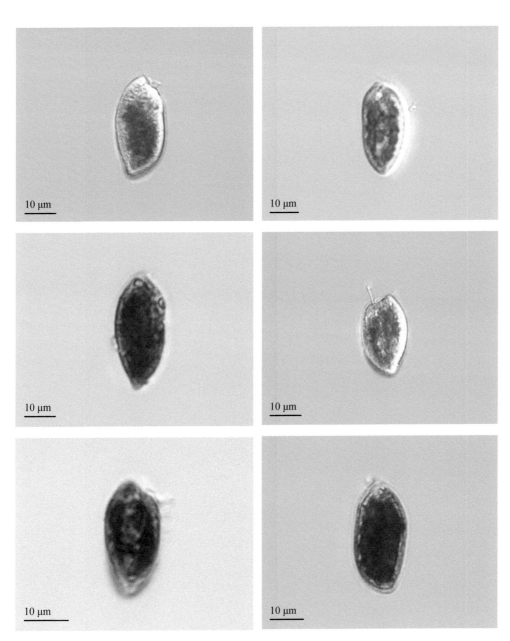

图 4-6　反弯曲隐藻

水源地风景摄影：陈志强

5 金藻门

Chrysophyta

金藻门中自由运动种类为单细胞或群体，群体的种类由细胞呈放射状排列成球形或卵形体；不能运动的种类为变形虫状、胶群体状、球粒形、叶状体形、分枝或不分枝丝状体形。运动的种类细胞前端有 1 条、2 条等长或不等长的鞭毛。细胞裸露或在表质覆盖许多硅质鳞片，鳞片具刺或无刺。细胞无色或具色素体，色素体周生，片状，1～2 个；光合作用色素主要由叶绿素 a、叶绿素 c、胡萝卜素和叶黄素组成；常呈金黄色、黄褐色、黄绿色或灰黄褐色。光合作用产物为金藻昆布糖、金藻多糖和脂肪；运动种类具眼点或无，眼点 1 个，位于细胞的前部或中部，具数个液泡，细胞核 1 个。营养繁殖方式为细胞纵分裂，丝状体以丝体断裂进行繁殖。

金藻大多数生长在透明度大、温度较低、有机质含量少的清水水体中，对水温的变化较敏感，常在冬季、早春和晚秋生长旺盛。许多种类因其生长的特殊要求，可被用作生物指示种类，以监测水质、评价水环境。

本书收录上海市饮用水水源地常见金藻门种类 2 纲 2 目 4 科 4 属。

金藻纲	色金藻目	棕鞭藻科
Chrysophyceae	Chromulinales	Ochromonadaceae

棕鞭藻属（图 5-1）
Ochromonas

植物体单细胞，自由运动，细胞裸露，不变形或可变形，球形、椭圆形、卵形、梨形等，有背腹之分，有时形成伪足，细胞腹部前端伸出 2 条不等长的鞭毛，具 1 个到数个伸缩泡，通常具 1 个眼点，色素体周生、片状，1 个或 2 个，少数数个，金褐色，少数绿色，具 1 个大的或多个小颗粒状的金藻昆布糖。

检出：青草沙水源地、金泽水源地。

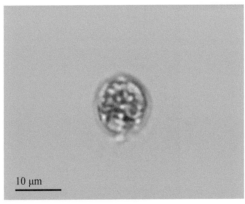

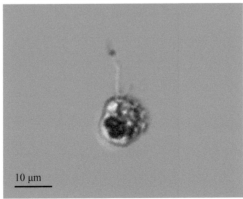

图 5-1　棕鞭藻属

金藻纲	色金藻目	锥囊藻科
Chrysophyceae	Chromulinales	Dinobryonaceae

锥囊藻属（图 5-2）
Dinobryon

　　植物体为树状或丛状群体，浮游或着生；细胞具圆锥形、钟形或圆柱形囊壳，前端呈圆形或喇叭状开口，后端锥形，透明或黄褐色，表面平滑或具波纹；细胞纺锤形、卵形或圆锥形，基部以细胞质短柄附着于囊壳的底部，前端具 2 条不等长的鞭毛，色素体周生、片状，1～2 个。

　　检出：青草沙水源地、金泽水源地。

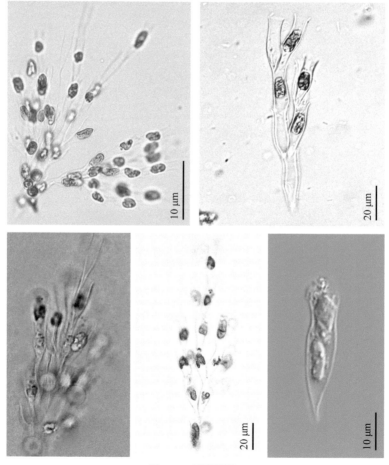

图 5-2　锥囊藻属

黄群藻纲	黄群藻目	黄群藻科
Synurophyceae	Synurales	Synuraceae

黄群藻属（图 5-3）
Synura

植物体为群体，球形或椭圆形，细胞以后端互相联系、放射状排列在群体的周边，无群体胶被，自由运动；细胞梨形、长卵形，前端广圆，后端延长成一胶质柄，表质外具许多覆瓦状排列的硅质鳞片，细胞前端具 2 条略不等长的鞭毛，色素体周生、片状，2 个，位于细胞的两侧，黄褐色，同化产物为金藻昆布糖。鳞片的形状，特别是亚显微结构的特征是分种的依据。

检出：青草沙水源地、金泽水源地。

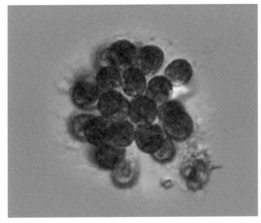

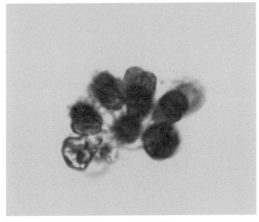

图 5-3　黄群藻属

黄群藻纲
Synurophyceae

黄群藻目
Synurales

鱼鳞藻科
Mallomonadaceae

鱼鳞藻属（图 5-4）
Mallomonas

　　植物体单细胞，自由运动；细胞球形、卵形、椭圆形、长圆形等，硅质鳞片有规则地相叠，呈覆瓦状或螺旋状排列在表质上。细胞前端具 1 条鞭毛，色素体周生、片状，2 个，细胞核 1 个。

　　检出：青草沙水源地、金泽水源地。

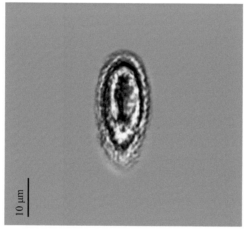

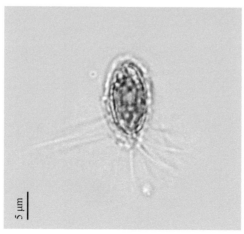

图 5-4　鱼鳞藻属

水源地风景摄影：陈志强

6

黄藻门

Xanthophyta

水源地风景摄影：陈志强

植物体为单细胞、群体、丝状体和多核管状体。细胞大多数具有细胞壁，并由2个半片套合而成，单细胞和群体的细胞壁是由2个"凵"形半片套合组成的；丝状体的细胞壁是由2个"H"形的半片套合而成的；也有的种类的细胞壁不是由2个半片套合而成的。细胞壁的化学成分主要是果胶质，有些种类细胞壁内沉积有氧化硅；有的种类细胞壁成分是由纤维素组成的。色素体1个至多数，盘状、片状或带状，边位，呈淡绿色或黄绿色。色素为叶绿素 a、β- 胡萝卜素、无隔藻黄素、硅藻黄素、硅甲藻黄素、黄藻黄素和很少量的叶绿素 c，无叶绿素 b。贮藏物质主要是金藻昆布糖和油，不贮存淀粉。

黄藻门植物多数分布于淡水、潮湿的土壤或树皮等表面，少数海产，有的种类生长在咸水、半咸水中。大多数黄藻在春秋两季气温较低时容易采到。

本书收录上海市饮用水水源地常见黄藻门种类1纲2目2科2属。

黄藻纲	黄丝藻目	黄丝藻科
Xanthophyceae	Tribonematales	Tribonemataceae

黄丝藻属
Tribonema

不分枝丝状体。细胞圆柱形或两侧略膨大的腰鼓形，长为宽的 2～5 倍；细胞壁由"H"形两节片套合组成。色素体 1 个至多数，周生，盘状、片状、带状，无蛋白核；同化产物为油滴或颗粒状白糖素，单核。生长旺季为春季。在温度较低的早春或秋季，甚至在温暖的冬季也会出现。

检出：青草沙水源地、陈行水源地、金泽水源地。

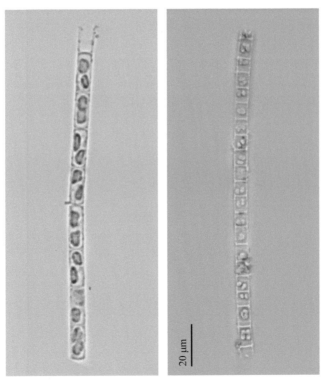

图 6-1　同形黄丝藻（*T. aequale*）

黄藻纲	异鞭藻目	异鞭藻科
Xanthophyceae	Heterochloridales	Heterochloridaceae

异鞭藻属（图6-2）

Anisonema

　　细胞长 15～18 μm，宽 6～10 μm，鞭毛长为体长的 1.5 倍，生栖于滨海水洼和池塘中，微咸水中亦有。原生质裸露，藻体会变形，呈变形虫状。具背腹面的有 2 个色素体。

　　检出：青草沙水源地、陈行水源地、金泽水源地。

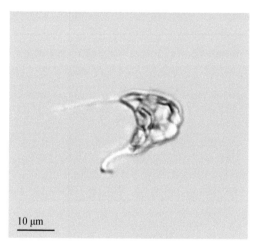

10 μm

图 6-2　异鞭藻属

水源地风景摄影：陈志强

7

甲藻门
Dinophyta

甲藻门绝大多数种类为单细胞，细胞球形到针状，背腹扁平或左右侧扁；细胞裸露或具细胞壁，壁薄或厚而硬。纵列甲藻类的细胞壁由左右 2 片组成，无纵沟或横沟。横裂甲藻类壳壁由许多小板片组成。大多数种类具 1 条横沟和 1 条纵沟。具 2 条鞭毛，顶生或从横沟和纵沟相交处的鞭毛孔伸出。光合作用色素为叶绿素 a 和叶绿素 c2，无叶绿素 b，辅助色素有胡萝卜素、叶黄素，其中最重要的是多甲藻素。色素体多个，圆盘状、棒状，金黄色、黄绿色或褐色，极少数种类无色。有的种类具蛋白核。储藏物质为淀粉和油。少数种类具刺丝胞。有些种类具眼点。具 1 个大而明显的细胞核。主要繁殖方法为细胞分裂。

该门类藻类浮游，大多数海产，咸淡水交汇处、河口处常有分布，是水生动物的主要饵料。甲藻过量繁殖常使水色变红，形成赤潮。

本书收录上海市饮用水水源地常见甲藻门种类 1 纲 1 目 3 科 5 属。

甲藻纲
Dinophyceae

多甲藻目
Peridiniales

裸甲藻科
Gymnodiniaceae

裸甲藻属（图 7-1）
Gymnodinium

　　淡水种类细胞卵形到近圆球形，有时具小突起，大多数近两侧对称。细胞前后两端钝圆或顶端钝圆、末端狭窄。多数背腹扁平，少数显著扁平。横沟明显，通常环绕细胞一周，常为左旋，右旋罕见；纵沟或深或浅，长度不等。细胞裸露或具薄壁，细胞表面多数为平滑的，罕见具条纹、沟纹或纵肋纹的。色素体多个，盘状或棒状，周生或辐射排列；有的种类无色素体；繁殖方式通常为纵分裂。

　　检出：青草沙水源地、陈行水源地、金泽水源地。

薄甲藻属（图 7-2）
Glenodinium

　　细胞球形到长卵形，近两侧对称。横断面椭圆形或肾形，不侧扁；具明显的细胞壁，大多数为整块，少数由多角形的、大小不等的板片组成，上壳板片数目不定，下壳规则的由 5 块沟后板和 2 块底板组成。板片表面通常为平滑的，无网状窝孔纹，有时具乳头状突起；横沟中间位或偏于下壳，环状环绕，无或很少有螺旋环绕的；纵沟明显。色素体多数，盘状，金黄色到暗褐色。

　　检出：青草沙水源地、陈行水源地、金泽水源地。

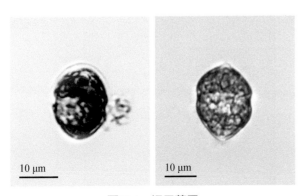

图 7-1　裸甲藻属

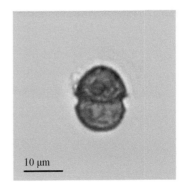

图 7-2　薄甲藻属

甲藻纲	多甲藻目	多甲藻科
Dinophyceae	Peridiniales	Peridiniaceae

多甲藻属（图7-3）
Peridinium

　　淡水种类细胞常为球形、椭圆形到卵形，罕见多角形，略扁平，顶面观常呈肾形，背部明显凸出，腹部平直或凹入。纵沟、横沟显著，大多数种类的横沟位于中间略下部分，多数为环状，也有左旋或右旋的，纵沟有的略伸向上壳，有的仅限制在下锥部，有的达到下锥部的末端，常向下逐渐加宽。

　　检出：青草沙水源地、陈行水源地、金泽水源地。

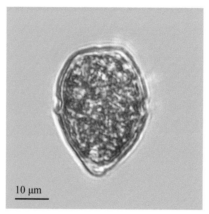

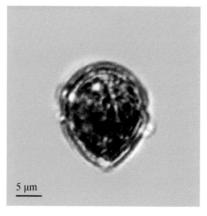

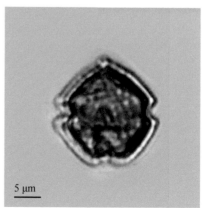

图 7-3　多甲藻属

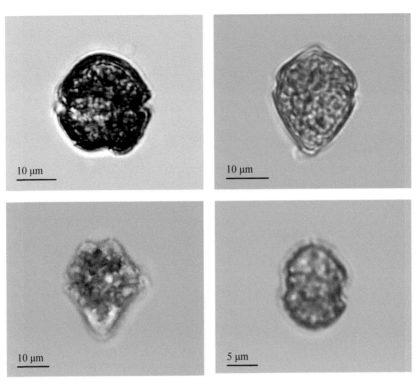

图 7-3　多甲藻属（续）

拟多甲藻属（图 7-4）
Peridiniopsis

　　细胞椭圆形或圆球形；下锥部等于或小于上锥部；板片可以具刺、似齿状突起或翼状纹饰。

　　检出：青草沙水源地、陈行水源地。

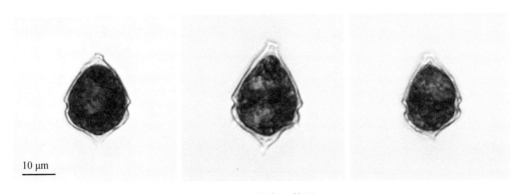

图 7-4　拟多甲藻属

甲藻纲	多甲藻目	角甲藻科
Dinophyceae	Peridiniales	Ceratiaceae

角甲藻属（图 7-5）
Ceratium

单细胞或有时连接成群体。细胞具 1 个顶角和 2～3 个底角。顶角末端具顶孔，底角末端开口或封闭。横沟位于细胞中央，环状或略呈螺旋状，左旋或右旋。细胞腹面中央为斜方形透明区，纵沟位于腹区左侧。

检出：青草沙水源地、陈行水源地、金泽水源地。

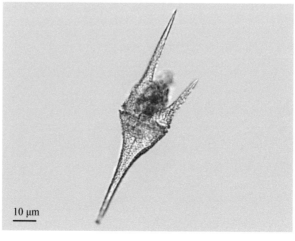

图 7-5　角甲藻属

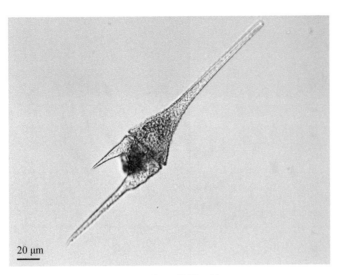

图 7-5　**角甲藻属**（续）

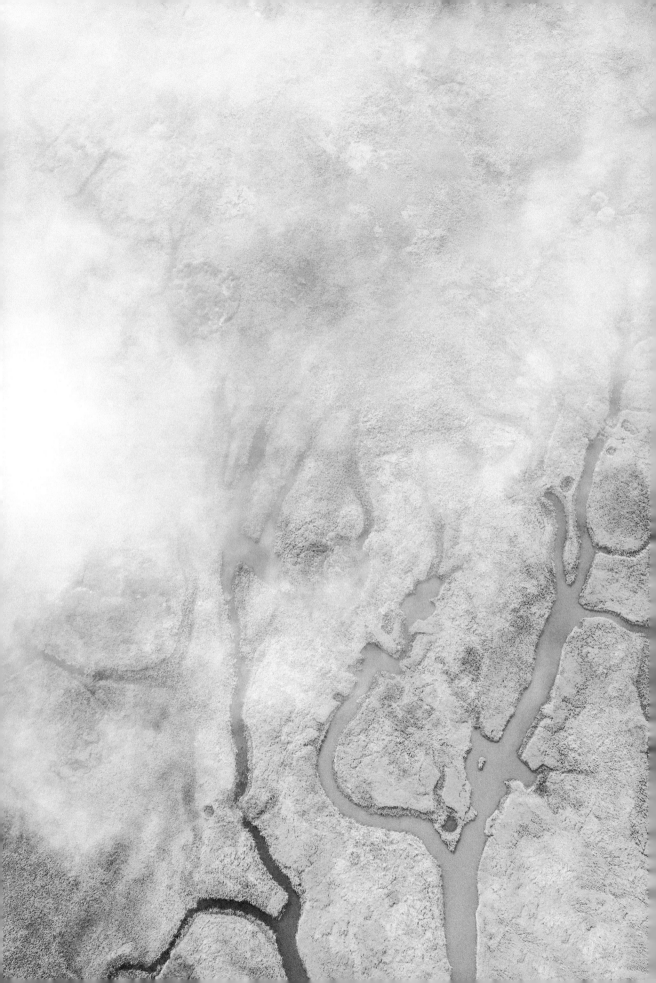

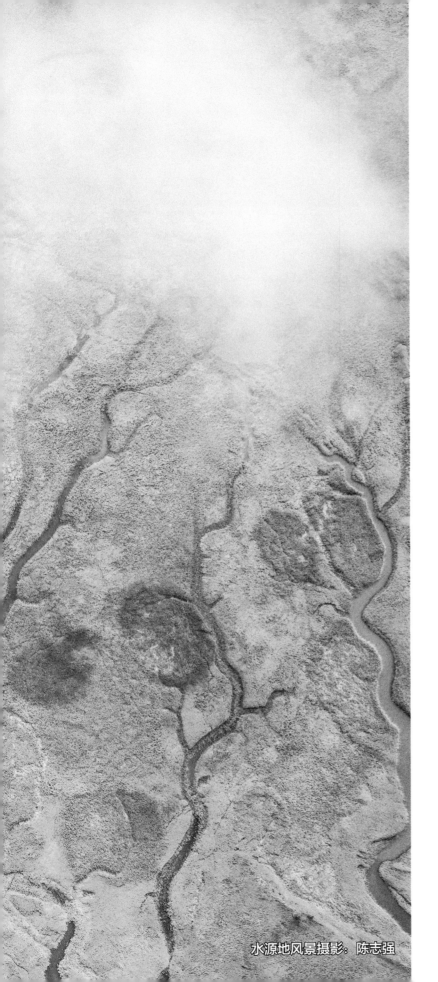

8

裸藻门

Euglenophyta

裸 藻类绝大多数种类为单细胞，只有极少数是由多个细胞聚集成的不定群体。细胞无细胞壁，但质膜下有周质体。表质由平而紧密结合的线纹组成。大多数种类在营养期具有明显的鞭毛。细胞核较为特殊，具明显的间核性质。大多数种类具色素体，其片层结构与所含色素和绿藻类的几乎完全相同。蛋白核被光合作用产物保卫，极少数种类蛋白核裸露。除了光合色素，裸藻属一些种类的细胞内存在裸藻红素或裸藻红酮。在裸藻门植物中，色素体的有无、色素体的形状、色素体中蛋白核的有无及其形态都是分类的重要依据。同化产物主要是裸藻淀粉，它是由 β-1：3 葡聚糖组成，不对碘发生蓝褐色反应。裸藻淀粉在细胞内聚合成各种形状的副淀粉粒。副淀粉粒大小不等，有杆形、环形、圆盘形、球形、椭圆形或假环形等各种类形。裸藻门中有部分绿色裸藻类，其胞外具有 1 个壳状的囊壳。囊壳前端具圆形的鞭毛孔，表面平滑或具点纹、刺、瘤突等纹饰。囊壳的形状及其纹饰是绿色裸藻类的重要分类特征。裸藻营养方式包括光合缺陷型营养、渗透型营养、摄食型营养。繁殖方式主要为细胞纵分裂。

裸藻类中的大多数都喜生长于有机质比较丰富的环境中，有的甚至特别耐有机污染。

本书收录上海市饮用水水源地常见裸藻门种类 1 纲 1 目 1 科 5 属。

裸藻纲	裸藻目	裸藻科
Euglenophyta	Euglenales	Euglenaceae

裸藻属（图 8-1）
Euglena

　　细胞形状多少能变，多为纺锤形或圆柱形，横切面圆形或椭圆形，后端多少延伸，呈尾状或具尾刺。表质柔软或半硬化，具螺旋形旋转排列的线纹。色素体 1 个至多个，呈星形、盾形或盘形，蛋白核有或无。副淀粉粒呈小颗粒状，数量不等；或为定形大颗粒，2 个至多个。细胞核较大，中位或后位。鞭毛单条。眼点明显。多数具明显的裸藻状蠕动，少数不明显。大多数淡水产。

　　检出：青草沙水源地、金泽水源地。

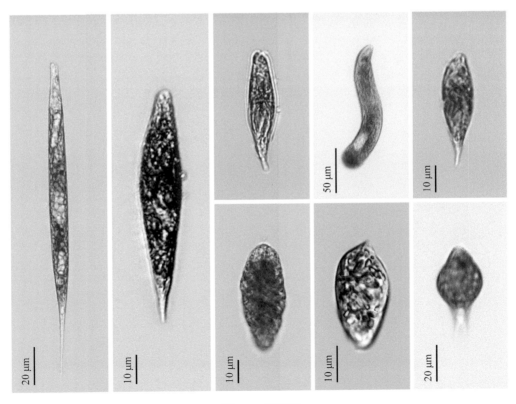

图 8-1　裸藻属

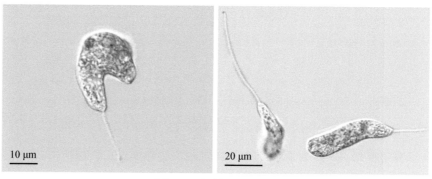

10 μm

20 μm

图 8-1　裸藻属（续）

囊裸藻属（图 8-2）
Trachelomonas

　　细胞外具囊壳。囊壳为球形、卵形、椭圆形、圆柱形或纺锤形等形状。囊壳表面光滑或具点孔纹、孔纹、颗粒、网纹、棘刺等纹饰。囊壳由胶质和铁化合物、锰化合物的沉积组成。囊壳前端具一圆形的鞭毛孔，有领或无领，有或无环状加厚圈。囊壳内的原生质体裸露无壁。

　　检出：青草沙水源地、陈行水源地、金泽水源地。

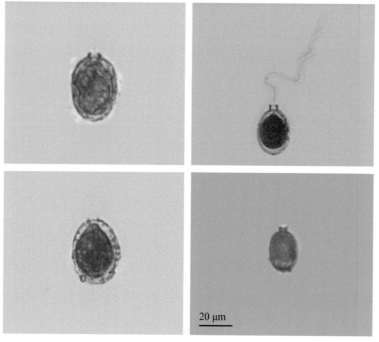

20 μm

图 8-2　囊裸藻属

扁裸藻属（图 8-3）
Phacus

　　细胞表质硬，形状固定，扁平，正面观一般呈圆形、卵形或椭圆形，有的呈螺旋形扭转，顶端具纵沟，后端多数呈尾状；表质具纵向或螺旋形排列的线纹、点纹或颗粒。绝大多数种类的色素体呈圆盘形，多数，无蛋白核；副淀粉较大，有环形、假环形、圆盘形、球形、线轴形或哑铃形等各种形状，常为 1 个至数个，有时还有一些球形、卵形或杆形的小颗粒。单鞭毛。具眼点。

　　检出：青草沙水源地、陈行水源地、金泽水源地。

图 8-3　扁裸藻属

鳞孔藻属（图 8-4）
Lepocinclis

　　细胞表质硬，形状固定，球形、卵形、椭圆形或纺锤形，辐射对称，横切面为圆形，后端多数呈渐尖形或具尾刺；表质具线纹或颗粒，纵向或螺旋形排列。色素体多数，呈盘状，无蛋白核；副淀粉常为 2 个大的，环形侧生。单鞭毛，具眼点。

　　检出：青草沙水源地、陈行水源地、金泽水源地。

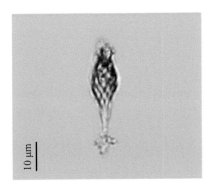

图 8-4　鳞孔藻属

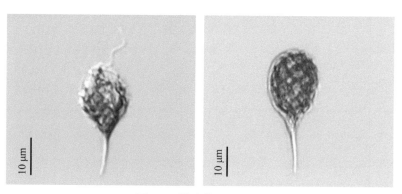

图 8-4　鳞孔藻属（续）

陀螺藻属（图 8-5）
Strombomonas

　　细胞具囊壳，囊壳较薄，前端逐渐收缩呈一长领，领与壳体之间无明显界限，多数种类的后端渐尖地延伸成一尾刺。囊壳的表面光滑或具皱纹和瘤突，没有像囊裸藻属那样多的纹饰。原生质体的特征与裸藻属相同。

　　检出：青草沙水源地、金泽水源地。

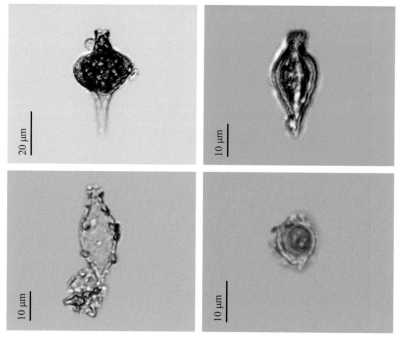

图 8-5　陀螺藻属

上海市饮用水水源地常见藻类统计

Summary of algae in drinking water sources of Shanghai

分类归属	青草沙水源地	陈行水源地	金泽水源地
蓝藻门 Cyanophyta			
色球藻纲 Chroococcophyceae			
色球藻目 Chroococcales			
色球藻科 Chroococcaceae			
微囊藻属 Microcystis	+	+	+
铜绿微囊藻 M. aeruginosa	+	+	+
水华微囊藻 M. flos-aquae	+	+	+
鱼害微囊藻 M. ichthyoblabe	+	+	+
惠氏微囊藻 M. wesenbergii	+		+
假丝微囊藻 M. pseudofilamentosa	+		
挪氏微囊藻 M. novacekii	+		+
史密斯微囊藻 M. smithii	+		+
片状微囊藻 M. panniformis	+		+
色球藻属 Chroococcus	+	+	+
平列藻科 Merismopediaceae			
隐球藻属 Aphanocapsa			+
平列藻属 Merismopedia	+		+
旋折平列藻 M. convolute	+		
微小平列藻 M. tenuissima	+		+
腔球藻属 Coelosphaerium	+		
藻殖段纲 Hormogonophyceae			
颤藻目 Oscillatoriales			
假鱼腥藻科 Pseudanabaenaceae			
泽丝藻属 Limnothrix	+		
细鞘丝藻属 Leptolyngbya	+		
假鱼腥藻属 Pseudanabaena	+	+	+
席藻科 Phormidiaceae			
席藻属 Phormidium	+		+
纸形席藻 P. papyraceum	+		+
浮丝藻属 Planktothrix	+		+
拟浮丝藻属 Planktothricoides	+		+

分类归属	青草沙水源地	陈行水源地	金泽水源地
颤藻科 Oscillatoriaceae			
颤藻属 *Oscillatoria*	+	+	+
螺旋藻属 *Spirulina*	+		
念珠藻目 Nostocales			
念珠藻科 Nostocaceae			
长孢藻属 *Dolichospermum*			+
近亲长孢藻 *D. affinis*			+
假紧密长孢藻 *D. pseudocompacta*			+
卷曲长孢藻 *D. circinalis*			+
水华长孢藻 *D. flos-aquae*			+
拟鱼腥藻属 *Anabaenopsis*			+
束丝藻属 *Aphanizomenon*	+		+
水华束丝藻 *A. flos-aquae*	+		+
尖头藻属 *Raphidiopsis*	+		
拟柱孢藻属 *Cylindrospermopsis*	+		+
拉氏拟柱孢藻 *C. raciborskii*	+		+
矛丝藻属 *Cuspidothrix*	+		+
伊沙矛丝藻 *C. issatschenkoi*	+		+

绿藻门 Chlorophyta

分类归属	青草沙水源地	陈行水源地	金泽水源地
绿藻纲 Chlorophyceae			
团藻目 Volvocales			
衣藻科 Chlamydomonadaceae			
四鞭藻属 *Carteria*	+	+	+
衣藻属 *Chlamydomonas*	+	+	+
壳衣藻科 Phacotaceae			
壳衣藻属 *Phacotus*	+		
翼膜藻属 *Pteromonas*	+		
韦斯藻属 *Westella*	+	+	+
异形藻属 *Dysmorphococcus*	+		
团藻科 Volvocaceae			
盘藻属 *Gonium*	+		+
美丽盘藻 *G. formosum*	+		+

分类归属	青草沙水源地	陈行水源地	金泽水源地
实球藻属 *Pandorina*	+	+	+
空球藻属 *Eudorina*	+	+	+
团藻属 *Volvox*	+		
四孢藻目 Tetrasporales			
四集藻科 Palmellaceae			
四集藻属 *Palmella*	+		
绿球藻目 Chlorococcales			
绿球藻科 Chlorococcaceae			
微芒藻属 *Micractinium*	+	+	+
微芒藻 *M. pusillum*	+	+	+
博恩微芒藻 *M. bornhemiensis*	+	+	+
扁球微芒藻 *M. depressum*	+	+	+
多芒藻属 *Golenkinia*	+	+	+
小桩藻科 Characiaceae			
弓形藻属 *Schroederia*	+	+	+
弓形藻 *S. setigera*	+	+	+
印度弓形藻 *S. indica*	+	+	+
螺旋弓形藻 *S. spiralis*	+	+	
锚藻属 *Ankyra*	+		
小球藻科 Chlorellaceae			
小球藻属 *Chlorella*	+	+	+
集球藻属 *Palmellococcus*	+		
顶棘藻属 *Lagerheimiella*	+	+	+
日内瓦顶棘藻 *L. genevensis*	+	+	+
极毛顶棘藻 *L. cilliata*	+	+	+
巴拉塔顶棘藻 *L. balatonica*	+		
盐生顶棘藻 *L. subsalsa*	+		
十字顶棘藻 *L. wratislaviensis*	+	+	
被刺藻属 *Franceia*	+	+	
四角藻属 *Tetraedron*	+	+	+
三叶四角藻 *T. trilobulatum*	+	+	+
钝角四角藻 *T. muticum*	+	+	+
细小四角藻 *T. mininum*	+	+	+

分类归属	青草沙水源地	陈行水源地	金泽水源地
三角四角藻 *T. trigonum*	+	+	+
具尾四角藻 *T. caudatum*	+	+	+
纤维藻属 *Ankistrodesmus*	+	+	+
单针藻属 *Monoraphidium*	+	+	+
奇异单针藻 *M. mirabile*	+		
旋转单针藻 *M. contortum*	+	+	+
细小单针藻 *M. minutum*	+		+
格里佛单针藻 *M. griffithii*	+		
加勒比单针藻 *M. caribeum*	+		
弓形单针藻 *M. arcuatum*	+		
卷曲单针藻 *M. circinale*	+		+
科马克单针藻 *M. komarkovae*	+	+	+
蹄形藻属 *Kirchneriella*	+	+	+
蹄形藻 *K. lunaris*	+	+	+
肥蹄形藻 *K. obesa*	+	+	+
四棘藻属 *Treubaria*	+	+	+
刺四棘藻 *T. setigera*	+	+	+
月牙藻属 *Selenastrum*	+	+	+
端尖月牙藻 *S. westii*	+	+	+
卵囊藻科 Oocystaceae			
并联藻属 *Quadrigula*	+		
湖生并联藻 *Q. lacustris*	+		
卵囊藻属 *Oocystis*	+	+	+
湖生卵囊藻 *O. lacustris*	+	+	+
波吉卵囊藻 *O. borgei*	+		
细小卵囊藻 *O. pusilla*	+	+	+
菱形卵囊藻 *O. rhomboidea*	+	+	+
纺锤藻属 *Elakatothrix*	+		
肾形藻属 *Nephrocytium*	+		
盘星藻科 Pediastraceae			
盘星藻属 *Pediastrum*	+	+	+
四角盘星藻 *P. tetras*	+	+	+

续表

分类归属	青草沙水源地	陈行水源地	金泽水源地
二角盘星藻 *P. duplex*	+	+	+
单角盘星藻 *P. simplex*	+	+	+
双射盘星藻 *P. biradiatum*	+	+	+
网球藻科 Dictyosphaeriaceae			
网球藻属 *Dictyosphaerium*	+		
网球藻 *D. ehrenbergianum*	+		
水网藻科 Hydrodictyaceae			
水网藻属 *Hydrodictyon*	+		+
栅藻科 Scenedesmaceae			
栅藻属 *Scenedesmus*	+	+	
四尾栅藻 *S. quadricauda*	+	+	+
尖细栅藻 *S. acuminatus*	+	+	+
伯纳德栅藻 *S. bernardii*	+	+	+
斜生栅藻 *S. obliquus*	+	+	+
西湖栅藻 *S. sihensis*	+		+
双尾栅藻 *S. bicaudatus*	+	+	+
居间栅藻 *S. intermedius*			+
钝形栅藻 *S. obtusus*			+
隆顶栅藻 *S. protuberans*	+	+	+
纤维形栅藻 *S. ankistrodesmoides*	+		
齿牙栅藻 *S. denticulatus*	+		
加勒比栅藻 *S. caribeanus*	+		+
光滑栅藻 *S. ecornis*	+		
单列栅藻 *S. sihensis*			+
古氏栅藻 *S. gutwinskii*	+		+
十字藻属 *Crucigenia*	+	+	
四角十字藻 *C. quadrata*	+		
方形十字藻 *C. rectangularis*			+
华美十字藻 *C. lauterbornei*	+	+	+
四足十字藻 *C. tetrapedia*	+	+	+
集星藻属 *Actinastrum*	+		
空星藻属 *Coelastrum*	+	+	+

分类归属	青草沙水源地	陈行水源地	金泽水源地
小空星藻 *C. microporum*	+	+	+
果状空星藻 *C. carpaticum*	+		
多突空星藻 *C. polychordum*	+		+
双囊藻属 *Didymocystis*	+	+	+
双胞双囊藻 *D. bicellularis*	+	+	+
四星藻属 *Tetrastrum*	+		+
短刺四星藻 *T. staurogeniaeforme*	+		+
单棘四星藻 *T. hastiferum*	+		+
异刺四星藻 *T. heteracanthum*			+
四链藻属 *Tetradesmus*	+	+	+
葡萄藻科 Botryococcaceae			
葡萄藻属 *Botryococcus*	+		+
丝藻目 Ulotrichales			
丝藻科 Ulotrichaceae			
丝藻属 *Ulothrix*	+		+
颤丝藻 *U. oscillatoria*	+		
环丝藻 *U. zonata*	+		
裂丝藻属 *Stichococcus*	+	+	+
杆裂丝藻 *S. bacillaris*	+	+	+
游丝藻属 *Planctonema*	+	+	+
游丝藻 *P. lauterbornii*	+	+	+
针丝藻属 *Raphidonema*	+		
针丝藻 *R. nivale*	+		
刚毛藻目 Cladophorales			
刚毛藻科 Cladophoraceae			
刚毛藻属 *Cladophora*	+		
胶毛藻目 Chaetophorales			
隐毛藻科 Aphanochaetaceae			
隐毛藻属 *Aphanochaete*	+		
双星藻纲 Zygnematophyceae			
双星藻目 Zygnematales			
双星藻科 Zygnemataceae			

分类归属	青草沙水源地	陈行水源地	金泽水源地
转板藻属 *Mougeotia*	+	+	+
水绵属 *Spirogyra*	+		
鼓藻目 Desmidiales			
鼓藻科 Desmidiaceae			
鼓藻属 *Cosmarium*	+	+	+
新月藻属 *Closterium*	+	+	+
角星鼓藻属 *Staurastrum*	+		
叉星鼓藻属 *Staurodesmus*	+		
凹顶鼓藻属 *Euastrum*	+		
微星鼓藻属 *Micrasterias*	+		+
硅藻门 Bacillariophyta			
中心纲 Centricae			
圆筛藻目 Coscinodiscales			
圆筛藻科 Coscinodiscaceae			
小环藻属 *Cyclotella*	+	+	+
沟链藻属 *Aulacoseria*	+	+	+
直链藻属 *Melosira*	+	+	+
冠盘藻属 *Stephanodiscus*	+	+	+
圆筛藻属 *Coscinodiscus*	+	+	
海链藻属 *Thalassiosira*	+		
骨条藻属 *Skeletonema*	+	+	
中肋骨条藻 *S. costatum*	+	+	
近盐骨条藻 *S. subsalsum*	+	+	
环冠藻属 *Cyclostephanos*	+	+	+
碟星藻属 *Discostella*	+	+	+
琳达藻属 *Lindavia*	+	+	
半盘藻科 Hemidiscaceae			
辐环藻属 *Actinocyclus*	+	+	+
诺氏辐环藻 *A. normanii*	+	+	+
根管藻目 Rhizosoleniales			
根管藻科 Rhizosoleniaceae			
尾管藻属 *Urosolenia*	+	+	

分类归属	青草沙水源地	陈行水源地	金泽水源地
盒形藻目 Biddulphiales			
盒形藻科 Biddulphiaceae			
四棘藻属 *Attheya*	+	+	
羽纹纲 Pennatae			
无壳缝目 Araphidinales			
脆杆藻科 Fragilariaceae			
脆杆藻属 *Fragilaria*	+	+	+
肘形藻属 *Ulnaria*	+	+	+
星杆藻属 *Asterionella*	+	+	+
平片藻属 *Tabularia*	+		
单壳缝目 Monoraphidinales			
曲壳藻科 Achnanthaceae			
曲壳藻属 *Achnanthes*	+		
曲丝藻属 *Achnanthidium*	+		
Gogorevia	+		
平面藻属 *Planothidium*	+		
卵形藻科 Cocconeidaceae			
卵形藻属 *Cocconeis*	+	+	+
双壳缝目 Biraphidinales			
桥弯藻科 Cymbellaceae			
桥弯藻属 *Cymbella*	+	+	+
膨胀桥弯藻 *C. tumida*	+	+	+
膨大桥弯藻 *C. turgidula*	+	+	+
双眉藻属 *Amphora*	+	+	+
内丝藻属 *Encyonema*	+		
拟内丝藻属 *Encyonopsis*	+		
舟形藻科 Naviculaceae			
舟形藻属 *Navicula*	+	+	+
辐节藻属 *Stauroneis*	+	+	+
双壁藻属 *Diploneis*	+	+	+
鞍型藻属 *Sellaphora*	+	+	
胸膈藻属 *Mastogloia*	+		

续表

分类归属	青草沙水源地	陈行水源地	金泽水源地
布纹藻属 *Gyrosigma*	+	+	+
全链藻属 *Diadesmis*	+		
格形藻属 *Craticula*	+	+	+
异极藻科 Gomphonemaceae			
异楔藻属 *Gomphoneis*	+	+	+
异极藻属 *Gomphonema*	+	+	+
短壳缝目 Eunotiales			
短缝藻科 Eunotiaceae			
短缝藻属 *Eunotia*	+	+	+
管壳缝目 Aulonoraphidinales			
窗纹藻科 Epithemiaceae			
窗纹藻属 *Epithemia*	+	+	
菱形藻科 Nitzschiaceae			
菱形藻属 *Nitzschia*	+	+	+
菱板藻属 *Hantzschia*	+		
盘杆藻属 *Tryblionella*	+		
杆状藻属 *Bacillaria*	+		
双菱藻科 Surirellaceae			
波缘藻属 *Cymatopleura*	+	+	+
双菱藻属 *Surirella*	+	+	
隐藻门 Cryptophyta			
隐藻纲 Cryptophyceae			
隐藻目 Cryptomonadales			
隐藻科 Cryptomonadaceae			
逗隐藻属 *Komma*	+	+	+
具尾逗隐藻 *K. caudate*	+	+	+
隐藻属 *Cryptomonas*	+	+	+
卵形隐藻 *C. cvata*	+	+	+
啮蚀隐藻 *C. erosa*	+	+	+
蛋白核隐藻 *C. pyrenoidifera*	+		+
弯隐藻属 *Campylomonas*	+		+
反弯曲隐藻 *C. reflexa*	+		+

分类归属	青草沙水源地	陈行水源地	金泽水源地
金藻门 Chrysophyta			
金藻纲 Chrysophyceae			
色金藻目 Chromulinales			
棕鞭藻科 Ochromonadaceae			
棕鞭藻属 *Ochromonas*	+		+
锥囊藻科 Dinobryonaceae			
锥囊藻属 *Dinobryon*	+		+
黄群藻纲 Synurophyceae			
黄群藻目 Synurales			
黄群藻科 Synuraceae			
黄群藻属 *Synura*	+		+
鱼鳞藻科 Mallomonadaceae			
鱼鳞藻属 *Mallomonas*	+		+
黄藻门 Xanthophyta			
黄藻纲 Xanthophyceae			
黄丝藻目 Tribonematales			
黄丝藻科 Tribonemataceae			
黄丝藻属 *Tribonema*	+	+	+
同形黄丝藻 *T. aequale*	+	+	+
异鞭藻目 Heterochloridales			
异鞭藻科 Heterochloridaceae			
异鞭藻属 *Anisonema*	+	+	+
甲藻门 Dinophyta			
甲藻纲 Dinophyceae			
多甲藻目 Peridiniales			
裸甲藻科 Gymnodiniaceae			
裸甲藻属 *Gymnodinium*	+	+	+
薄甲藻属 *Glenodinium*	+	+	+
多甲藻科 Peridiniaceae			
多甲藻属 *Peridinium*	+	+	+
拟多甲藻属 *Peridiniopsis*	+	+	
角甲藻科 Ceratiaceae			
角甲藻属 *Ceratium*	+	+	+

续表

分类归属	青草沙水源地	陈行水源地	金泽水源地
裸藻门 Euglenophyta			
裸藻纲 Euglenophyta			
裸藻目 Euglenales			
裸藻科 Euglenaceae			
裸藻属 *Euglena*	+		+
囊裸藻属 *Trachelomonas*	+	+	+
扁裸藻属 *Phacus*	+	+	+
鳞孔藻属 *Lepocinclis*	+	+	+
陀螺藻属 *Strombomonas*	+		+

参考文献
REFERENCES

毕列爵，胡征宇，2004. 中国淡水藻志（第八卷）绿藻门——绿藻球目（上）[M]. 北京：科学出版社．

才美佳，2018. 长江下游干流硅藻生物多样性研究 [D]. 上海：上海师范大学．

陈婉婉，2019. 近盐骨条藻的形态、分类及生理研究 [D]. 上海：上海师范大学．

胡鸿钧，魏印心，2006. 中国淡水藻类——系统、分类及生态 [M]. 北京：科学出版社．

黎尚豪，毕列爵，1998. 中国淡水藻志（第五卷）绿藻门——丝藻目，石莼目，胶毛藻目，橘色藻目，环藻目 [M]. 北京：科学出版社．

李家英，齐雨藻，2014. 中国淡水藻志（第十九卷）硅藻门——舟形藻科（Ⅱ）[M]. 北京：科学出版社．

刘国祥，胡圣，褚国强，2008. 中国淡水多甲藻属研究 [J]. 植物分类学报，46(5): 754-771.

刘国祥，胡征宇，2012. 中国淡水藻志（第十五卷）绿藻门——球藻目（下），四胞藻目，叉管藻目，刚毛藻目 [M]. 北京：科学出版社．

齐雨藻，1995. 中国淡水藻志（第四卷）硅藻门——中心纲 [M]. 北京：科学出版社．

齐雨藻，李家英，2004. 中国淡水藻志（第十卷）硅藻门——无壳缝目，拟壳缝目 [M]. 北京：科学出版社．

饶钦止，1988. 中国淡水藻志（第一卷）双星藻科 [M]. 北京：科学出版社．

施浒，2004. 拉汉藻类名称 [M]. 北京：海洋出版社．

施之新，1999. 中国淡水藻志（第六卷）裸藻门 [M]. 北京：科学出版社．

施之新，2004. 中国淡水藻志（第十二卷）硅藻门——异极藻科 [M]. 北京：科学出版社．

施之新，2013. 中国淡水藻志（第十六卷）硅藻门——桥弯藻科 [M]. 北京：科学出版社．

宋会银，2018. 中国小球藻科的分类及系统发育研究 [D]. 北京：中国科学院大学．

王清华，2019. 中国栅藻科绿藻的分类学及系统发育学研究 [D]. 北京：中国科学院大学．

王全喜，2007. 中国淡水藻类（第十一卷）黄藻门 [M]. 北京：科学出版社．

王全喜，曹建国，刘妍，等，2008. 上海九段沙湿地自然保护区及其附近水域藻类图集 [M]. 北京：科学出版社．

魏印心，2003. 中国淡水藻志（第七卷）绿藻门——双星藻目，中带鼓藻科，鼓藻目，鼓藻科. 第一册 [M]. 北京：科学出版社．

魏印心，2012. 中国淡水藻志（第十八卷）绿藻门——鼓藻目，鼓藻科. 第三册 [M]. 北京：科学出版社.

魏印心, 2013. 中国淡水藻志（第十七卷）绿藻门——鼓藻目, 鼓藻科. 第二册 [M]. 北京: 科学
　　出版社.

夏爽, 2013. 中国淡水隐藻类的分类学和生态学研究 [D]. 北京: 中国科学院大学.

杨丽, 虞功亮, 李仁辉, 2009. 中国鱼腥藻属的八个新纪录种 [J]. 水生生物学报, 33(5): 917-923.

虞功亮, 宋立荣, 李仁辉, 2007. 中国淡水微囊藻属常见种类的分类学讨论——以滇池为例 [J].
　　植物分类学报, 45(5): 727-741.

张毅鸽, 王一郎, 杨平, 等, 2020. 江西柘林湖水华蓝藻——长孢藻（*Dolichospermum*）的形态
　　多样性及其分子特征 [J]. 湖泊科学, 32(4): 12.

周凤霞, 陈剑虹, 2004. 淡水微型生物图谱 [M]. 北京: 化学工业出版社.

朱浩然, 1991. 中国淡水藻志（第二卷）色球藻纲 [M]. 北京: 科学出版社.

朱浩然, 2007. 中国淡水藻志（第九卷）蓝藻门——藻殖段纲 [M]. 北京: 科学出版社.

朱慧忠, 陈嘉佑, 2000. 中国西藏硅藻 [M]. 北京: 科学出版社.

Aboal M,Silva P C,2004.Validation of new combinations[J].Diatom Research,19: 1-361.

Agardh C A,1812.Algarum Decas Prima[J].Lundae:Litteris Berlingianis: 1-14.

Brun J,1880.Diatomées des Alpes et du Jura et de la région Suisse et Française des Environs de Genève[J].
　　Imprimerie Ch.Schuchardt,Genève: 1-146.

Falconer I R,2005.Cyanobacterial toxins of drinking water supplies: Cylindrospermopsins and
　　Microcystins[M]. CRC Press.

Kociolek J P,Ormerod S J,Stoermer E F,1987.Ultrastructure of *Cymbella sinuata* and its allies
　　(Bacillariophyceae),and their transfer to Reimeria,gen.nov[J].Systematic Botany,12(4): 451-459.

Kociolek J P,Ormerod S J,Stoermer E F,1988.Taxonomy,ultrastructure and distribution of *Gomphoneis*
　　herculeana,G.eriense and closely related species (*Naviculales:Gomphonemataceae*)[J].Proceedings
　　of the Academy of Natural Sciences of Philadelphia,140(2): 24-97.

Koárek J,1974.The morphology and taxonomy of crucigenoid algae (Scenedesmaceae,Chlorococcales)[J].
　　Archiv für Protistenkunde,116: 1-74.

Koárek J,Anagnostidis K,1995.Nomenclatural novelties in chroococcalean cyanoprokaryotes[J].
　　Preslia,Praha,67: 15-23.

Kulikovskiy M, Maltsey Y, Glushchenko A, et al., 2020. *Gogorevia*, a new monoraphid diatom genus
　　for *Achnanthes exigua* and allied taxa (Achnanthidiaceae) described on the basis of an integrated
　　molecular and morphological approach[J]. Journal of phycology, 56(6): 1601-1613.

Lanaras T, Cook C M,1992.Toxin extraction from an Anabaenopsis milleri dominated bloom[J]. The
　　Science of the Total Environment, 142(3): 163-169.

Magdalena W,Danuta K,Barbara P S, et al.,2007.Development of toxic *Planktothrix agardhii* (Gom.) Anagn. et Kom. and potentially toxic algae in the hypertrophic Lake Syczyńskie (Eastern Poland)[J]. Oceanological and Hydrobiological Stduies,36(S1): 173-179.

Otsuka S,Suda S,Li R H, et al.,2000.Morphological variability of colonies of *Microcystis* morphospecies in culture[J]. The Journal of General and Applied Microbiology, 46: 39-50.

Rezanka T,Dembitsky V M,2006.Metabolites produced by Cyanobacteria belonging to several species of the family *Nostocaceae*[J]. Folia Microbiologica, 51(3): 159-182.

Sato Y,Nakanishi M,Konda T, et al.,1986.Life cycle of *Peridinium* sp.B_3 (Dinophyceae) isolated from Lake Begnas,Nepal[J].Nihon Biseibutsu Seitai Gakkaiho,1(1):19-27.

Yoo R S,1995.Cyanobacterial (blue-green algal) toxins:a resource guide[M].American Water Works Association:81-146.

Yamagishi T,1998.Guidebook to Photomicrographs of the Freshwater Algae[M].Uchida Rokakuho Pub. (*in Japanese*)